手作美食
亲切的

莉莎◎著

U0215090

浙江出版联合集团
浙江科学技术出版社

图书在版编目(CIP)数据

亲切的手作美食 / 莉莎著. —杭州：浙江科学技术出版社，2015.3

ISBN 978-7-5341-6362-3

Ⅰ.①亲… Ⅱ.①莉… Ⅲ.①食谱 Ⅳ.①TS972.12

中国版本图书馆 CIP 数据核字(2014)第 279693 号

书　　名	亲切的手作美食	
作　　者	莉　莎	

出版发行	**浙江科学技术出版社**
网　　址	www.zkpress.com
	杭州市体育场路 347 号　　邮政编码：310006
	办公室电话：0571-85176593
	销售部电话：0571-85176040
	网址：www.zkpress.com
	E-mail：zkpress@zkpress.com
排　　版	杭州兴邦电子印务有限公司
印　　刷	浙江海虹彩色印务有限公司

开　　本	787×1092　1/16	印　张	11
字　　数	200 000		
版　　次	2015 年 3 月第 1 版　　2015 年 3 月第 2 次印刷		
书　　号	ISBN 978-7-5341-6362-3　　定　价　38.00 元		

版权所有　翻印必究

(图书出现倒装、缺页等印装质量问题，本社负责调换)

责任编辑	王巧玲	**责任印务**	徐忠雷
责任校对	梁　峥	**特约编辑**	胡燕飞

初识莉莎，在一个充满阳光的五月，莉莎带着她甜美、亲切的笑容出现在了我的视线里。这位从事外贸工作，喜欢美食、喜欢周游世界的女人，丝毫没有我之前想的那样高高在上，相反的，她像极了一位邻家的大姐，跟我讲她如何喜欢美食、如何在家自学做西点做蛋糕，还兴致勃勃讲她家阳台长势疯狂的薄荷，讲到兴奋时她还会翻出手机相片给我看她的成果。我和她在交谈中不知不觉度过了一个下午，我知道了她喜欢捣鼓美食，喜欢收集、制作食材，喜欢纠集志同道合的吃货朋友一起品尝美味；知道了她去过不少国家，每次旅行都会用相机记录美景、美食。莉莎让人感觉亲切、自然、真实，跟她相处起来特别放松，你会从她的言谈举止中发现她的做事风格：有条有理，稳而不乱，并且善于学习。

我想这样的人做出来的食物一定是充满诱惑的；这样的人写出来的书，也一定会感染到许多的人！这本书，与其说是一本食谱，不如说是一种生活方式的表达。莉莎利用身边的材料体会手作美食的快乐，一杯红酒，一坛酸菜，一份果酱，都由她精心调配、细细制作，她在手作的时光里，慢悠悠地享受着生活的有滋有味。

那么，你准备好了吗？跟莉莎一起开始手作美食之旅吧！

因为美食，因为摄影，我认识了莉莎。自信、亲切是莉莎给我的第一印象。后来我知道她一直从事外贸工作，品尝世界各地美食也是工作之外的另一项"工作"。

如今，吃已不仅仅是为了果腹，吃已经是一种生活，一种健康，一种享受，能与人分享自己的作品并让更多的人喜爱，那种满足感是无法用言语来形容的。莉莎对美食的那份热情与执著，就连我们这些专业厨师也自叹不如，她的每道作品都凝集了她的智慧。

《亲切的手作美食》汇集了莉莎几年来的美食心得，从精心挑选的食材到纯手工制作的美食，再到令人垂涎欲滴的精美图片，与其说这是一本书，不如说是莉莎的生活写照。

让我们一起为莉莎加油，一起为热爱美食、热爱生活的你加油。

马宁（马师傅）

杭州西溪喜来登度假酒店中厨运营总监

与莉莎相识，缘于我们拥有共同的爱好——美食。在我眼中，莉莎是个对生活充满热情、对DIY美食非常有耐心并且痴迷的人。在朋友圈中，她做的蛋糕最出名，但凡朋友生日，必定会收到莉莎亲手制作的美味蛋糕，那精美程度相较西点店有过之而无不及。饼干、蛋糕、面包、中式菜肴，莉莎都能轻松搞定。在食品安全问题日益让人担忧的今天，相信她的这本手作美食书，这种近距离的美食，给你带来的不光是小时候的美好回忆，还有自己制作美食的那一份爱心和安心。

月亮晶晶

人气美食达人

前言

　　手作美食是一种生活，一种幸福。美食手作DIY有太多的好处，不仅能自己把控食材，把控营养，还能从美味中传递快乐，感受幸福。看到家人、朋友美美地吃着自己亲手做的东西，这种幸福和快乐只有做的人才能体会到。

　　一直喜欢美食，喜欢吃，也喜欢做。锅碗瓢盆是我的最爱，厨房是我的放松之地，喜欢炉灶上那扑面而来热腾腾的香味，更爱为家人端上自己亲手做的菜肴。每逢过年，我家就会变成阖家团圆之地，我在厨房里欢快地忙碌着，满满的都是幸福。

　　除了做菜，我还迷恋西点烘焙。烘焙是几年前从零开始自学的，记得当时上网看到别人在家里也能做出漂亮美味的蛋糕和西点，马上兴趣十足，买了好多本烘焙书，下班回家就捧着翻看，还常在网上浏览别人的烘焙博客学习。随后就网购了工具和材料，开始动手尝试。这一做就一发不可收拾，从做饼干、蛋糕到面包，越做越起劲，经常一人在厨房玩弄面团，大热天也不例外，家人常笑话我汗流浃背玩面团的样子。现在的我还真能做出像模像样的蛋糕和面包了，做好的西点发到网上也会让很多人垂涎……

　　现在食品安全问题让人担忧，地沟油、染色馒头、激素豆芽、染色蛋糕等等，我们普通人无法制止不法商家的非法制作和销售，但我们可以自我防范，尽量少在外面吃饭，尽量买正规厂家的食品，还有我们能做的，就是自己动手在家做美食。其实只要有心，很多东西都可以在家里做，馒头可以自己发面，豆芽可以在家发，豆腐可以自己磨豆浆做，蛋糕、面包都可以学着烤，还可以利用自家的阳台种些瓜果蔬菜，这些都是纯天然健康食物。

　　总之手作美食，有多多味道、多多健康、多多快乐、多多幸福……

莉 莎

2014.9

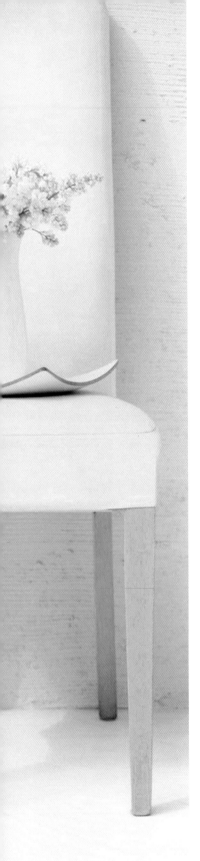

目录 Contents

Part 1 居家手作食材——体会近距离的美好

Part 2 记忆中的手作美食——品味永远的好味道

Part 3　手作休闲西点──给心情放个假

一个人的烘焙时光

慢悠悠的下午茶

Part 1

居家手作食材
体会近距离的美好

晾晒出好味

晾晒是最简单的食物加工方法，只要一处好的光照，一个简单的晾晒工具，就能赋予食物最阳光、最自然、最健康的味道。

美味虾干

记得以前去饭店吃饭，总喜欢点秘制虾干，但小小的盘里只有寥寥几只，价格不便宜，吃着还不过瘾。现在自己学会做了，每次可以吃上一大盘，特过瘾！

夏日明虾便宜，鲜活的大虾只要十几元一斤。暑天日晒充足，非常适合晾晒虾干。做法其实很简单，只有煮和晒两道工序，在阳光充足的日子连续晒两天就可以了。刚晒好的虾干肉质很有弹性，用来当下酒菜，非常鲜美。也可以多晒些放冰箱冷冻保存，可随时用来做菜煮汤，方便又好吃。

材料

新鲜明虾约1.5千克（3斤），生姜几片，干红椒几个，盐60克左右

做法

❶ 鲜活大明虾洗净，沥干水。

❷ 锅中多放些水，再放几片生姜、几个干红椒和盐。

❸ 水烧开后放入虾煮几分钟，待虾熟后关火，焖几分钟让其入味后出锅，沥干水。

❹ 阳光充足的日子阳台晾晒连续两天就可以了。

❺ 晾晒时要防止飞虫叮咬，最好买个网罩罩着晒。

 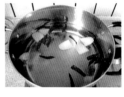

1	2
3	4
	5

Note

1. 做虾干前要先看好天气，否则遇上雨天，煮好的虾容易变质。

2. 用自制虾干和自发的豆芽做汤特别鲜美（自发豆芽请看P050）。

3. 还可以日晒和微波结合，早上煮好晒出，晚上收进摊放在微波炉盘中，再微波上几分钟，当晚就可以吃了，比盐水虾好吃很多。看电视时当零食吃，味道鲜美又有嚼头。

美味关系

◆ 虾干咸肉蒸娃娃菜

　　用自己晒的虾干做虾干咸肉娃娃菜，光清蒸就特鲜美。也可以将所有材料直接放入汤锅中煮，就是一锅鲜美的汤了。这道虾干咸肉蒸娃娃菜，做法非常简单，但以虾干为主角的摆盘却很漂亮，宴请的时候拿出来，绝对让人眼前一亮！

1　2　3

材料
娃娃菜1株，虾干5～6只，咸肉少许，盐、湿淀粉各少许

做法
❶ 虾干冷水泡软，咸肉切片，娃娃菜竖切成条。

❷ 娃娃菜撒上少许盐拌匀摆盘，放上虾干和咸肉片，隔水蒸15分钟。

❸ 取出盘子，将蒸出的汁水倒入锅中，加少许湿淀粉勾成玻璃芡，淋在蒸好的菜上。

　　夏日天气晴好的时候，阳台也还可以晒些豇豆干，买来的豇豆用清水焯一下，放阳台晒干就可以保存了，到秋冬天拿出来烧肉会非常好吃。

　　每年也会晒点小红椒，自己晒的小红椒，油光红亮，比外面买的新鲜、干净多了。做法也很简单，小红椒不用洗，用湿布擦洗干净，放阳台晒一周左右，注意每天翻拨，干透即可。之后密封保存，随用随取，非常方便。

冻米

冬天，江浙一带的很多农村人家都会晾晒冻米，用来做过年时的糕点——冻米糖。用同样的蒸煮晾晒法，还可以晾晒成锅巴，天气好的情况下晾晒3～4天就干了。晒干的冻米和锅巴存放几个月后，炸起来会更松脆。

1 2
3 4

材料

糯米 800 克

做法

❶ 糯米冷水浸泡一晚，蒸锅架上垫纱布，将糯米放纱布上，隔水蒸30分钟。

❷ 取一半糯米饭放竹帘上摊平晾晒成锅巴；余下的一半糯米饭里撒半杯凉开水，搅散，摊开晾晒成冻米。

❸ 冻米晾晒至半干时要将成团的米粒搓散，晾晒至米粒呈半透明状即可。

❹ 竹帘上的米饭晾晒半天左右就会稍有硬度，用剪刀剪成小方块继续晾晒至干透。

Note

蒸糯米要用底部能漏水的蒸架，这样蒸熟的米是一粒粒的，便于晾干。米要晾晒至透明干硬，这样炸出来的米花才会松脆。

美味关系

◆ 冻米糖

　　冻米糖是浙江和江西等地过年待客解茶的好点心，香香脆脆，特别好吃。冻米糖有很多种做法，一般是将糯米蒸熟、晾干后油炸，但也有地方的米是用沙子炒至膨胀的，还有的米是经过冷冻的，所以也叫冻米糖。

1 2 3
4 5 6

材料

熟米（冻米）300克，花生40克，黑芝麻20克，砂糖100克，麦芽糖80克，水30克

做法

❶ 准备好所有材料（冻米做法见P015）。

❷ 花生、芝麻分别用烤箱烤香待用；锅中多放些油烧热，放一勺冻米，膨胀即捞出。

❸ 分次炸好所有的米花（炸好的米花放在厨房吸油纸上，吸掉多余的油）。

❹ 洗净锅子，放入砂糖、麦芽糖和水，中火熬至起稠密白泡后关火。

❺ 倒入米花、花生和芝麻，快速拌匀。

❻ 马上出锅倒入已垫油布的方模中压平、压紧，稍凉后倒出切片即可。

　　1. 炸的时候米花膨胀开即可捞出，炸的时间不要过长，否则米花就不松脆了。

　　2. 也可以不放花生、芝麻，加点糖渍橙皮丁，做出来不仅颜色漂亮，味道也够香脆。

◆ 海鲜锅巴

　　晒好的锅巴可密封保存多日，随时可以拿出来做锅巴菜。最喜欢这海鲜锅巴，香香脆脆的锅巴和着鲜香的番茄、海鲜，特别美味。

材料

锅巴120克，新鲜番茄1小个，虾、豌豆、番茄酱各适量，盐、料酒、淀粉、糖各适量

| 1 | 2 | 3 | 4 |
| 5 | 6 | 7 | 8 |

做法

❶ 准备好材料。

❷ 豌豆焯水后过凉水保持色泽。

❸ 番茄去皮切成丁；虾去壳加少许盐、料酒和淀粉腌5分钟左右，焯熟待用。

❹ 锅中多加些油烧热，放入锅巴炸至金黄松脆。

❺ 炸好的锅巴先放在吸油纸上吸去多余的油，再装盘。

❻ 油锅留少许油放入番茄丁煸炒，再加一大勺番茄酱翻炒。

❼ 加入焯好水的虾和豌豆，加少许水稍煮，再加少许盐和糖调味，最后调水淀粉勾薄芡。

❽ 出锅淋在炸好的锅巴上即成。

Note

1. 新鲜番茄和番茄酱都要放，取其鲜和酸。

2. 炸锅巴的油要烧热一点，放下锅巴就能膨胀上浮。

3. 炸好的锅巴直接撒点椒盐五香粉，当零嘴吃也非常香脆呢。

手 醸，

最美妙的滋味

喜欢手工制作的那种天然的味道，亲手酿造的美酒、酒酿，醇香而质朴。酿造的过程本身就充满着乐趣，看着手中酿造的食物每天都在发生不一样的变化，谁说这不是一种享受呢？

甜酒酿

喜欢甜酒酿，尤其回味以前小钵头甜酒酿的味道。自己在家里做酒酿其实很方便，现在有现成的酒曲粉卖，一包可以做好几次。

自制的酒酿特别香甜，直接吃就很美味。夏日吃上一碗冰镇酒酿，惬意又凉爽；冬日就可以做酒酿圆子、酒酿烧蛋等，暖意十足。也可以用酒酿来做菜，增香增味。

材料

糯米500克，甜酒曲2克

做法

❶ 做酒酿的容器要洗净且高温消毒，无油无水，这样做出来的酒酿才不会长毛。

❷ 糯米浸泡半天，加水至刚刚盖过米，隔水蒸30分钟后取出。

❸ 一杯温水加入两克酒曲搅匀，待糯米饭凉至28℃左右时，将酒曲水加到糯米饭中拌匀。

❹ 拌好的糯米饭装到干净的容器中压实，中间用擀面杖戳洞透气，上面还可以再加点温水。

❺ 盖上盖子（不用太密实），夏季室温放置3～4天，就是香喷喷的酒酿了（注意：发酵时间要根据气温调节）。

1. 夏季28℃左右的温度最适合酒酿发酵，若气温低则需延长发酵时间，也可以加盖东西保温发酵。

2. 喜欢酒酿汁水多的，可以在第二天再加点温水进去。

3. 做好酒酿后如果暂时不吃，可以放冰箱冷藏，减缓发酵。

美味关系

◆ 酒酿卤鸭

　　自己做的酒酿除了冰镇后直接吃，还可以用来做菜。特别喜欢吃酒酿卤鸭，加了酒酿烧煮的卤鸭，特别醇香，风味十足。

| 1 | 2 | 3 | 4 |
| 5 | 6 | 7 | 8 |

材料

黄嘴嫩鸭1只，酒酿半盒，生抽2勺，老抽3勺，酒3勺，冰糖1块，生姜、茴香、橙皮、小红椒适量

做法

❶ 鸭子洗净沥干水，辅料备齐。

❷ 铁锅烧热，放少许油，将鸭放入煸煎成金黄色并散发腥味。

❸ 再加满热水烧开，撇去浮沫，开盖烧5分钟让其腥味散发。

❹ 加入所有辅料（除酒酿和冰糖），盖上锅盖用中火烧煮。

❺ 烧20分钟左右开盖，加入酒酿和冰糖。

❻ 再煮15分钟后用漏勺捞出酒酿米粒和其他辅料，继续收浓卤汁。

❼ 最后10分钟可用大勺将锅底卤汁勺起淋在鸭身上，使鸭身红亮，卤汁还有差不多小半碗时就可以关火。

❽ 起锅稍凉后切块，淋上卤汁。

　　1. 要选用嫩鸭，不要用老鸭。

　　2. 全程烧煮约1小时，水量和火候不同，时间也会稍有不同，最后的卤汁不要收得太干。

自酿干红葡萄酒

　　市场上的葡萄酒品质不一，品质好的葡萄酒价格不菲，便宜的葡萄酒又可能不是纯酿造而是兑制的，还可能含有危害健康的添加剂。其实家庭自酿葡萄酒并不复杂，夏日是葡萄上市的季节，品种多、价格便宜，多买些葡萄回来自己酿酒真是件省钱又快乐的事。不仅可以喝到亲手酿制的百分之百纯正的葡萄酒，绿色健康，还能享受到酿制过程中的快乐。

材料

新鲜紫葡萄5千克（10斤），冰糖1.25千克（2.5斤）

做法

❶ 用玫瑰或巨峰葡萄都可以，葡萄皮上的白霜是天然发酵剂，所以清洗时注意不要将白霜洗掉，否则会影响发酵。

❷ 用剪刀将葡萄连同蒂头一并剪下，清洗干净后用淡盐水浸泡1小时，沥干水备用。

❸ 带上一次性手套，将葡萄逐个捏破。

❹ 准备好干净且干燥的大瓶，将捏碎的葡萄装瓶，装2/3满就可以了，因为葡萄发酵后会涨起来。瓶盖也不要封实，放在上面盖住即可，葡萄发酵后会产生大量气体往上顶，压太实可能会爆盖。

⑤ 第二天加进冰糖拌匀，一周内葡萄会发酵冒泡，可以每天开盖一次将浮起的葡萄皮压入葡萄液中。

⑥ 大约10天后（气温不同时间也会有所不同），葡萄皮基本都上浮，也不再产生气泡，就说明第一次发酵结束，将皮核和酒液分离开来。

⑦ 分离出来的酒液重新装回大瓶（我做了两瓶倒在一起了），此时的酒液不是很清澈，还需要进行第二次发酵，这次可以盖紧盖子让其发酵，第二次发酵大约需要两个月时间（也要根据气温调整）。

⑧ 经过第二次发酵，瓶子上层酒色已很清澈，此时可取多个干净酒瓶，分别装入清澈部分的酒液（最底层沉淀下来的浑浊部分就不要了）。酿好的酒可以直接开喝，也可以满瓶低温保存，慢慢享用。

| 1 | 2 | 3 | 4 |
| 5 | 6 | 7 | 8 |

Note

1. 每颗葡萄都要用剪刀剪下来，不要直接摘下，否则葡萄皮破损，清洗时进水不易沥干，发酵时容易腐烂，洗好的葡萄也要晾干水分。

2. 捏葡萄时不能沾水沾油，捏碎直接放瓶中，尽量减少接触空气的时间，以保证果肉的纯鲜。

3. 葡萄发酵20~25℃最合适，发酵时如果温度太高葡萄液容易变酸，第一次和第二次的发酵时间都要根据实际气温进行调整。

4. 全程所有器具都要事先进行高温消毒，包括瓶盖、瓶塞、盛器都要用玻璃瓶，不要用塑料瓶，否则容易与酒酸起化学反应而产生不利于身体的毒素。

腌渍，

时光制作的美味

从前觉得腌渍食物是一件很难的事情。但真正操作起来，却发现并不难，你需要的，是一份等待的耐心……精心准备，细细操作，慢慢等待，让食材自然地慢慢地发酵，这样一坛香香的泡菜才能腌渍成功。

泡菜

　　泡菜的泡制过程就是乳酸菌发酵、有益微生物生成的过程，所以泡菜含有丰富的活性乳酸菌，能调节改善肠道微生态平衡，促进营养物质的吸收，还有调理胃肠道、降低血脂浓度等功效，所以"泡"出来的菜是健康营养的菜，泡菜也被公认为比较健康的腌渍菜。

材料

泡菜水材料：水约1500克，无碘粗盐约45克，冰糖1块，蒜头、花椒、干红椒、萝卜、芹菜、青椒、生姜、白酒适量

泡菜材料：包心菜1个

| 1 | 2 | 3 |
| 4 | 5 | 6 |

做法

❶ 做泡菜要先培养泡菜菌：做泡菜需要一只专用泡菜坛，坛口上要有坛沿以及能用水封口的水槽，泡菜坛先用滚水洗烫，再倒入一杯白酒绕内壁一圈，倒出备用。

❷ 准备好做泡菜水的材料。

❸ 锅中加水，花椒放入料理包后放进水中，接着放入盐、冰糖、蒜头、红椒、生姜烧开，凉后倒入泡菜坛，再放进余下的萝卜、芹菜、青椒，盖上里盖和外盖，坛口水槽内加满清水封口以隔绝外界空气，大约一周后泡菜水就做好了，开盖就能闻到醇厚香味。

❹ 然后开始做泡菜：包心菜分切成4～5块，清洗干净并沥干水。

❺ 放入泡菜坛中腌泡，盖上内盖和外盖，外沿口注满清水隔绝空气。

❻ 叶菜一般3天左右就可以拿出来吃了，非常爽口。

1. 最好用泡菜专用的腌制盐。粗盐无碘，利于发酵，腌出来的泡菜不易变软，吃起来更加爽口。

2. 萝卜、芹菜、青椒是用来养水帮助发酵的，做好泡菜水后可捞出，再加进新鲜的养水。

3. 泡菜水可以一直用，越泡越香醇，每次加进新鲜蔬菜的时候要适当添加盐调味。

4. 泡菜坛的口子沿要始终保持有水，这样可以隔绝外界空气。拿取泡菜的筷子要无油无水，否则一旦带入生水或细菌，泡菜就会长霉。

酸豆角

有了泡菜水，就可以腌泡很多东西了，酸豆角便是特别受人喜爱的一道菜，酸酸脆脆，爽口有味。也可以与泡菜同时腌，既方便又可以收获更多美味！

材料

新鲜绿长豇豆适量，泡菜水1坛

做法

❶ 买新鲜嫩绿长豇豆洗净，晾晒半天至完全干透。

❷ 将豇豆盘成圈。

❸ 将豇豆放入装有泡菜水的泡菜坛中，一般一周左右就可以拿出来吃了。

美味关系

◆ 酸菜米粉干

　　一直就喜欢吃炒米粉干，以前就用普通包心菜或豆芽等蔬菜炒，现在家里有泡菜了，就爱上了用泡菜和酸豆角炒的米粉干，那酸鲜味不是普通包菜所能及的，也不是普通调味料能调制出来的，特别爽口入味。

1 | 2 | 3
4 | 5 | 6

材料

米粉干200克，鸡蛋1个，泡菜、酸豆角各适量，色拉油、酱油各少许

做法

❶ 准备材料：米粉干我一般选嵊州或温州产的，比较韧且不易烂；鸡蛋摊成蛋皮。

❷ 米粉干冷水泡软，泡菜和蛋皮切丝，豆角切小段。

❸ 泡软的米粉干沥干水，加少许色拉油和酱油拌匀。

❹ 摊蛋皮的锅中加少许油开小火，放入拌好的米粉干，用筷子挑拨着翻炒至熟软。

❺ 另取一小锅加一点油烧热，放入切好的泡菜和酸豆角翻炒1～2分钟。

❻ 将炒好的泡菜和酸豆角以及切好的蛋皮丝加到米粉干锅中，拌和翻炒一下即可出锅。

1. 米粉干用冷水泡软即可，不要浸泡太长时间，否则炒的时候容易烂。

2. 用摊过蛋皮的锅子炒米粉干，一般不易粘锅，炒的时候要用筷子挑拨着炒，这样米粉不会粘连。

美味关系

◆ 肉末酸豆角

　　泡好的豆角配上肉末、蒜片和红椒炒一下，就是一道爽口的下饭菜。在做面条的时候加点酸豆角，也特别开胃。

1 2 3

材料

酸豆角200克，肉末60克，蒜、红椒少许，盐、淀粉、油少许

做法

❶ 准备材料。

❷ 豆角切成小段，肉末用少许盐、淀粉腌5分钟，蒜、红椒切片。

❸ 锅中加少许油，先放入蒜片、红椒煸炒一下，再放入肉末翻炒下，最后加入豆角，加点水煮两分钟后出锅装盘。

豆角不要切得太长也不要太碎，0.8厘米左右即可。

豆趣无穷

我最爱豆子，它是我一整年都可以拿
来捣鼓的食材。醇厚的豆浆、滑嫩的豆
腐、鲜嫩的豆芽、香甜的豆沙，就连豆渣
都富含着营养。豆子平价、亲民、营养，
形态又多变，是捣鼓的好食材。

豆腐

豆腐价廉物美、营养丰富，是家庭餐桌上的常见菜。豆腐以黄豆为原料，经浸泡、磨浆、点浆、凝固而成。豆腐的蛋白质含量要比豆子高，含有人体所需的铁、钙、磷等多种微量元素，还含有丰富的优质蛋白，易消化吸收，是老少皆宜的理想食品。

自己在家里做豆腐也很方便，准备好豆子，买好点豆腐的内酯或盐卤就可以动手了。手工制作的豆腐，原汁原味，豆香浓郁，特别纯香美味。

材料

黄豆300克，水2000克，葡萄糖酸内酯4克，温水25克

做法

❶ 黄豆用清水浸泡一晚。

❷ 泡好的豆子清洗干净拣去坏豆，沥干水分放搅拌机中，加入2000克水搅成豆浆（我分两次搅打）。

❸ 搅好的豆浆过滤出豆浆汁，去掉豆渣（我是先倒入网筛中粗滤，再将网筛中的豆渣放细布中挤出豆浆，去掉豆渣后，豆浆约1600克，再用网筛过滤一次）。

④ 过滤好的豆浆再次用网筛过滤到锅中，中火煮开，撇去表层泡沫，煮开后再煮两分钟左右关火。

⑤ 另取一小碗，加4克内酯和25克温水化开调匀待用，豆浆凉至85~90℃（大约放置5分钟），去掉表层结皮，倒入调好的内酯水，用大勺快速搅匀。

⑥ 马上盖上锅盖保温焖浆15分钟。

⑦ 再开盖时豆浆已凝固成嫩嫩的豆花了，此时可盛出一碗，倒点生抽，撒点虾皮、小葱，就是一碗滑嫩鲜美的豆花。

⑧ 用大勺将豆花稍稍打散，舀至豆腐盒中。

⑨ 上面加点重物压两小时左右过滤出水，就是成品豆腐了。

⑩ 成品如图。

```
1  2  3  4
5  6  7  8
9  10
```

1. 黄豆浸泡的时间要根据不同气温调整，一般8小时左右，气温高的话可减少些时间，泡开至黄豆饱满即可。

2. 用内酯点豆腐的合适温度是85~90℃，温度太高或太低都会影响豆腐凝固。

3. 豆腐的压放时间可根据自己喜欢的豆腐的软硬度调整，喜欢吃老一点的，就压放得久一点，出水多豆腐相对就老一点。

美味关系

◆ 煎豆腐

自己做的豆腐，新鲜纯香，稍稍煎一下，淋点生抽就可以吃了，特别鲜香美味。也可以与其他食材做成小炒，比外面买的好吃很多。

◆ 美味豆花

上页步骤7的时候盛出一碗，倒点生抽，撒点虾皮、紫菜、小葱，一碗滑嫩鲜美的豆花就做好啦。

◆ 炒豆渣

多出来的豆渣也不要浪费，豆皮、豆渣营养特别丰富，加点油稍炒一下，撒点葱花，又是一盘营养好菜。

◆ 时蔬豆腐排

　　做好的豆腐可以有多种吃法，自己做的豆腐原汁原味，豆香浓郁。这款时蔬豆腐排，将豆腐压成泥，加蔬菜做成馅，滚上芝麻煎香，健康、营养又美味。

材料

自制豆腐250克，莴苣60克，胡萝卜40克，新鲜香菇2朵（约30克），白芝麻50克，盐、胡椒粉、干淀粉、油、番茄酱适量

做法

❶ 准备好材料。

❷ 锅中加水烧开，放入豆腐焯烫一下，捞出沥干水。

❸ 莴苣去皮切成末，香菇、胡萝卜也分别切成末，豆腐捣成泥。

❹ 将上面所有材料混合，加少许盐和胡椒粉调味，再加两小勺干淀粉拌匀。

❺ 取25克左右的混合料先揉成团再稍稍压扁。

❻ 每个团子滚上白芝麻。

❼ 平底锅加少许油烧热后调小火，放入芝麻豆腐团煎至两面金黄。

❽ 出锅后先放在吸油纸上吸去多余的油，再装盘淋上番茄酱即成。

| 1 | 2 | 3 | 4 |
| 5 | 6 | 7 | 8 |

滚上芝麻后要稍稍再按压一下，这样油煎时芝麻不易脱落。

红豆沙

外面店里买的豆沙，看看材料表，总少不了各种添加剂，有的还有色素和香精，油和糖的含量也特别高。其实豆沙完全可以自己在家做。自己做的豆沙，没有任何添加剂，油和糖的量也可以自行控制，浓浓的豆香味，一点都不甜腻，香甜又美味。

| 1 | 2 | 3 | 4 |
| 5 | 6 | 7 | 8 |

材料

红豆250克，猪油80克，黄片糖或冰糖60克，白砂糖60克，熟糯米粉1勺（约15克）

做法

❶ 红豆浸泡一晚，冲洗干净。

❷ 将红豆放入高压锅，加比豆子多一倍量的水，压煮30分钟。

❸ 煮好的豆子已经很酥烂。

❹ 将煮好的豆子放搅拌机搅成豆泥。

❺ 锅中加猪油烧热，倒入豆泥，加入片糖和白砂糖，开中火翻炒散发水分，且一直搅拌不要让其粘底。

❻ 豆泥水分散发后慢慢变稠厚。

❼ 最后筛入1勺熟糯米粉搅匀即可出锅。

❽ 也可以不用搅拌机，直接将煮好的豆子倒入锅中，用压泥铲压成泥，边煮边压，因为豆子已经酥烂，很容易压成泥，成品一样细腻好吃。

自己做的豆沙没有防腐剂，糖油量相对也少，做好的豆沙要尽快吃完，暂时不吃的可以放冰箱冷冻。

美味关系

◆ **糯米素烧鹅**

　　糯米素烧鹅是中华名小吃之一，也是我们杭州的传统点心，以豆腐皮包裹熟糯米和红豆沙煎制而成，非常香糯甜美。

材料

糯米250克，砂糖60克，色拉油40克，水40克，豆沙200克，果脯丁20克，豆腐皮2张

做法

❶ 准备材料，我一般选用浙江富阳产的豆腐皮，比较软韧。

❷ 糯米浸泡过夜沥干水，隔水蒸20分钟，再焖10分钟，蒸好的糯米饭趁热倒入碗中，加入砂糖、油和水拌匀，再重新隔水蒸50分钟，焖10分钟。

❸ 豆腐皮切去四周边筋，隔水稍蒸变软后摊平，铺上蒸好的糯米饭，上面留1/3不铺，靠下端铺上一条豆沙，再撒上果脯丁，从下向上卷起成长条。

❹ 平底锅内加少许油，放入糯米条，煎至两面金黄即可起锅，用刀切成小条装盘。

1 2 3 4

 Note

　　1. 首先糯米要泡透，其次糯米饭要先后蒸煮两次，这样米饭才会香甜软糯，另外豆腐皮要选择油润透薄有韧性的。

　　2. 豆沙最好自己做，更有豆香味，可事前做好，做法参看P043。

　　3. 果脯丁可随意选配，我这次用了糖渍橙皮、蔓越莓、葡萄干和松子仁。

白芸豆比其他豆类含有更丰富、更优质的蛋白质，还有多种微量元素，营养价值很高。白芸豆可以直接煮着吃，也可以做成豆沙。用白芸豆做的白豆沙馅，非常香甜，而且很适合做冰皮的内馅。因为冰皮外皮有些透，用红豆沙做内馅成品会显黑，用白豆沙就会很漂亮。

材料

白芸豆400克，糖100克，油100克（糖和油的量可根据个人喜好调整），熟糯米粉1勺（生糯米粉微波2分钟后过筛）

做法

❶ 白芸豆浸泡一晚，剥去豆皮。

❷ 放高压锅加比豆子多一倍量的水压煮20分钟。

❸ 将煮好的豆子沥去多余的水倒在另一平底锅中，加油加糖，用压泥勺把豆子压成泥。

❹ 炒的时候用耐高温硅胶刮刀不停地铲动，以防粘底。

❺ 炒至水分收干豆泥浓稠时，筛入1勺熟糯米粉搅匀。

❻ 将糯米粉拌匀就可以出锅了。

1
2
3
4
5
6

　　1. 白芸豆皮比较厚，需要去掉，浸泡后的白芸豆很容易去皮，按挤一下就去掉了。

　　2. 没有压泥勺的可以用圆底大勺子，已酥烂的豆子很容易压成泥。

　　3. 白豆沙口感纯香，可以用来做很多点心的内馅。如果直接用模具将白豆沙按压成型，那便是纯味芸豆糕了，味道也很好。

美味关系

◆ 白豆沙蛋黄冰皮月饼

　　冰皮月饼近些年来很受欢迎，我喜欢冰皮月饼的外形，清新剔透、色泽丰富，也喜欢它清爽的口感。冰皮月饼的制作比传统广月简单多了，只要材料备齐，很快就能搞定。内馅可以选用口感清新的奶黄馅、凤梨馅，也可以选用白豆沙和绿豆沙。

材料

A：糯米粉50克，澄粉（小麦淀粉）25克，粘米粉（大米粉）35克，砂糖20克，炼乳30克，色拉油30克，牛奶160克

B：草莓粉、香芋粉、吉士粉各少许

C：手粉少许（生糯米粉微波炉加热2分钟后成熟糯米粉，过筛）

D：新鲜咸鸭蛋黄6个，白豆沙约240克

1
2
3
4
5

做法

❶ 先做内馅：6个咸蛋黄喷洒点白酒，160℃烘烤8分钟左右，对半分切后搓圆（用保鲜膜辅助），半个蛋黄约7克，外面取18克的白豆沙包上，共约25克。

❷ 冰皮材料A混合搅匀成稀糊状，放置15分钟，再隔水蒸15分钟左右，期间要搅拌2~3次，看好干湿度就关火。

❸ 蒸好稍凉后戴上一次性手套揉匀，分成小份分别加入草莓粉、香芋粉、吉士粉揉匀。

❹ 面团分成每个25克，也可以混色；面团压扁，包入已做好的白豆沙蛋黄馅。

❺ 全部包入馅后，在每个面团外面薄薄抹上一层手粉，用月饼模压成型即可。

Note

1. 蒸好的面团比较黏，带上一次性手套揉面可防粘。

2. 不喜欢蛋黄的，可以直接包裹20~25克白豆沙，也非常香甜美味。

3. 冰皮月饼做好后马上就可以吃，口感非常软糯，也可以放冰箱冷藏几个小时，口感会更Q。

4. 自己蒸的饼皮因没有添加剂（如白油等），冷藏时间长的话外皮会变硬，应趁新鲜尽快吃完。

5. 月饼模的规格：月饼模写着5头就是1斤月饼有5个，每个约100克；8头就是1斤月饼有8个，每个约63克；10头是1斤月饼有10个，每个约50克。

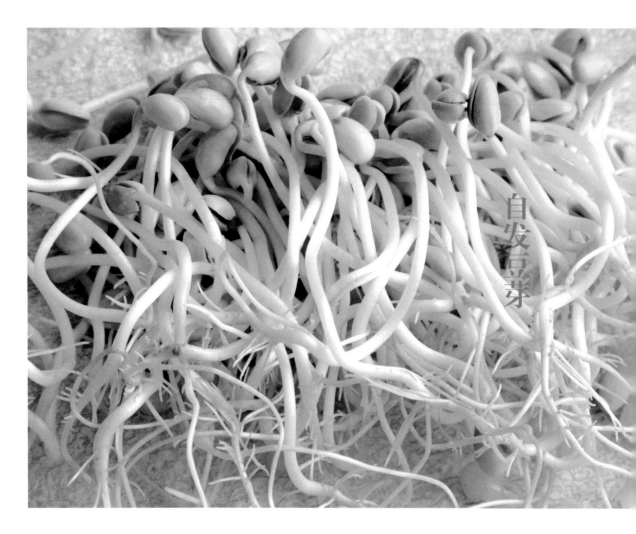

自发豆芽

豆子经发芽后，营养要比原来丰富很多。我喜欢吃豆芽，但时常听说外面买的豆芽很多是用催化剂或激素催长出来的，总觉得不那么健康。自己在家里发豆芽也不复杂，只要有个底部能排水的容器就可以，每天淋水，几天就能吃了。自己发的豆芽现发现吃，煮汤、做小炒都特别鲜嫩。

材料

黄豆或绿豆适量，底部能排水的容器1只，毛巾1块（最好是深颜色的，不能有油腻）

做法

❶ 豆子洗净，温水浸泡一晚。

❷ 挑去干瘪破损的豆子，将豆子铺放于容器底部。

❸ 盖上毛巾，每天淋水3～4次，每次都要淋透，边缘也要冲淋到，夏天直接用自来水就可以，气温低的时候最好用25℃左右的温水。

❹ 待一两天后豆子发芽了，可在上面加压点重物，这样豆芽的干会长得粗壮些。

❺ 一般气温在25℃左右时，豆芽4～5天就能长到5～6厘米高，这个高度的豆芽营养最好，可以马上做菜吃。

❻ 豆子的成长过程。

Note

1. 破损的豆子一定要拣去，否则不发芽的豆子会腐烂，影响其他豆子发芽。

2. 豆子要保持湿润，但不能泡着水，否则会腐烂。

3. 容器要放在阴凉通风处，不要照光，盖着的毛巾也不要打开，发芽的豆子见光容易变红。

4. 绿豆要比黄豆容易发，可以先试试绿豆。

5. 容器可以利用多余的豆瓣酱盒、可乐瓶、塑料盒等，底部戳几个洞就可以用了，环保低碳。家里的茶壶也可以用来发豆芽，底部垫毛巾，直接将豆子放里面，上面冲淋的水从壶嘴出来，一茶壶发好的豆芽用来做汤也是足够了。

1
2
3
4
5
6

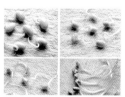

美味关系

◆ 凉拌芥末秋葵豆芽

　　自己发好的豆芽鲜活鲜嫩，绿色、健康、有营养，炒菜、做汤、凉拌都非常好吃。将秋葵与豆芽凉拌，加上芥末酱，口感鲜爽鲜辣，丝丝凉凉，大热天吃着特别爽气开胃。

1 | 2 | 3
4 | 5 | 6

材料

豆芽250克，秋葵100克，芥末酱、凉拌鲜酱油、盐、麻油少许

做法

❶ 准备材料。

❷ 秋葵切丝。

❸ 锅中加水和一点盐烧开，豆芽和秋葵分别焯水出锅并马上用水冲凉。

❹ 再分别放冰水中泡5分钟后沥干水，装盘。

❺ 碗中倒鲜酱油一勺，加一点芥末酱，再淋少许麻油拌匀。

❻ 将调好的酱料淋入秋葵豆芽中拌匀，即可开吃。

1. 焯水时加点盐会使豆芽和秋葵带点底味，另外也能保持菜的鲜嫩色。

2. 焯好后用冰水浸泡使豆芽和秋葵口感更鲜嫩爽脆。

3. 芥末和麻油是点睛，菜品口感更丰富。

阳台，

我的厨房后花园

城里人总是羡慕农村随处有地，可以种些自己喜欢的瓜果蔬菜花草。其实与其羡慕，不如动起手来利用自家的阳台，种养点东西，同样其乐无穷。可以种黄瓜、丝瓜、番茄等简单蔬菜，也可以种点食用香草，如薄荷、罗勒、迷迭香等，有耐心的人可以从种子开始，也可以直接买来小苗，看着它们慢慢长大，最后吃到自己种的健康蔬菜，是不是能找到些许做农夫的感觉呢？

薄荷

薄荷是我家阳台常年种植的香草，喜欢薄荷翠绿的颜色、清凉的芳香。薄荷颜色碧绿气味清香，养眼提神，叶片可以泡水喝，也可以当做菜的调料，味道都很不错。我还常摘薄荷叶来装饰自己做的西点，有嫩绿的薄荷叶点缀，甜点更加亮丽诱人。

薄荷的种植

薄荷有很多品种，现在花鸟市场卖的大多是能食用的绿薄荷，也叫荷兰薄荷，颜色深绿，皱纹叶。薄荷比较好养，只要水分充足，就能蓬勃生长。薄荷还能剪枝插养，剪条枝直接插养在另一泥盆中，一样能生根长叶，一盆能变成多盆。薄荷也能水培，剪条枝直接插在水瓶里，也能继续生根茂叶。在厨房水养几瓶薄荷，能增添不少生机呢。

做法

1
2
3
4
5

❶ 盆中长高的薄荷，可直接用剪刀将枝条剪下。

❷ 剪下的枝条，去掉下半部分的叶片。

❸ 可将枝条直接插在另一泥盆中，浇足水，薄荷会在泥土中重新发根。

❹ 修剪好的枝条也可直接插在水瓶中，会重新发根长叶。

❺ 这是剪枝水栽一周后的薄荷，底部都已长出了新的根须，叶子也更茂盛了。

Note

1. 柠檬和薄荷中的有效成分都能增加血液中的含氧量，能消除疲惫，让人心情振奋，清凉柠檬薄荷水是我家夏日的常饮。做法也非常简单，摘几片薄荷叶，与柠檬片一起用凉开水冲泡即可，也可再加点蜂蜜，口感更甜润。

2. 将薄荷榨汁，用到糕点中，淡淡的薄荷味会给糕点增添别样的风味。

美味关系

◆ **薄荷手撕鸡**

    薄荷除了泡水，还可以做菜。一般我们会在手撕鸡里放香菜，其实也可以用阳台的薄荷叶来做，会特别的清香好吃。

材料

1整只鸡，薄荷、大蒜、红椒、生姜、盐、油各少许

做法

❶ 1整只鸡洗净，用盐将鸡身擦一遍，放置10分钟后洗净。

❷ 取一只稍深点的锅加水（水最好能盖过鸡），加几片生姜，加一勺盐，放入洗净的鸡加盖大火煮。水烧开后马上开盖拎出鸡，放在自来水下冲淋，降温后再次放入锅中加盖煮，水开后马上关火，焖15分钟，用余温将鸡焖熟。

❸ 将焖熟的鸡取出，放入凉开水中晾凉。再带上一次性手套将鸡撕碎，取出大骨装盘。

❹ 调料：大蒜切末、红椒切碎后放碗中，加一点盐；锅中加少许油烧热，淋在碗中，稍凉后加入切碎的薄荷叶拌匀，再浇淋在撕碎的鸡肉上即可。

1. 洗净的鸡要用盐擦腌一下，既能去腥也增加了点底味。

2. 冷水煮鸡，烧开后再用冷水冲淋，最后以开水焖熟，这样鸡肉吃起来会特别鲜嫩有弹性，这方法也适用于做白切鸡。

3. 调料的油要先烧热再淋到蒜末上，蒜末被油淋熟，吃起来会比生的更香。

4. 同样的方法也可以将加了薄荷的调料撒在白切肉上，做成薄荷白切肉。

九层塔

　　九层塔是罗勒家族中的一员，是东南亚菜肴中用的最多的香料之一，它集薄荷与柠檬叶香气于一身，气味芬芳。有说法"九层塔十里香"，说的就是它浓郁的香味。

　　九层塔有绿茎和红茎之分，叶片呈皱叶状，生长期通常是一年，一般在春天播种，到夏天就枝繁叶茂了。

　　九层塔的叶片可以用来做菜、做点心，中西餐都能用到。九层塔还有很多食疗功效，能解毒消肿、化湿消食，还有减缓感冒、头痛、发热、咳嗽等作用，所以特别推荐在家里的阳台养一盆九层塔，可随时摘叶取用。

美味关系

◆ 九层塔三杯鸡翅

　　三杯鸡起源于江西宁都，后流传到台湾渐渐出了名。三杯鸡，顾名思义，除了主料鸡就是三杯调料：酒、酱油和麻油。现在三杯调料的量也有调整，可根据自己的喜好再加点辣椒、姜片等增味，酒最好用台湾米酒，这次我用的是自己做的酒酿汁，非常醇香。最后搭配自家种的九层塔，特别清香。

主料

鸡翅400克

调味料

九层塔适量，米酒、酱油、麻油各50毫升，姜片、小红椒、冰糖、油少许

做法

❶ 准备材料：九层塔洗净，生姜切片。

❷ 鸡翅洗净对切两段，用少许米酒腌10分钟。

❸ 锅中加少许油烧热，加入姜片、红椒煸炒出香味。

❹ 放入鸡翅爆炒，再加米酒、酱油、麻油和少许冰糖，小火焖烧10分钟左右，最后淋上麻油，撒上九层塔，起锅装盘。

1. 三杯鸡用砂锅焖烧会更纯香美味。

2. 一般的三杯鸡是三黄鸡去皮切块做成的，我这次用的是鸡翅，也可以用鸡腿，还可以换成虾做成三杯虾，加上九层塔都非常清香好吃。

3. 三杯鸡最初的做法中酒、酱油、麻油是按1：1：1的比例等量放的，大家可根据自己的喜好调整。

从秧苗开始种黄瓜，可以见证黄瓜的成长过程，开花、结果、蒂落。现摘下的黄瓜，嫩汁滴滴，放点蒜蓉凉拌便是最最爽口的凉菜。

朋友给了我一株红豇豆秧苗，到了夏天还真长了不少根豇豆，一般菜场卖的都是绿豇豆，红豇豆不太常见，种在阳台上还挺好看的！

春天从菜场花几元钱买来番茄苗，长得还挺好。看着它们慢慢由青变红，心情也会跟着变好。将番茄摘下用少许糖腌，冰镇后味道更加鲜美，吃上自己种的东西感觉真是好。

春天从菜场买来辣椒苗，细心呵护，也能有所收获。辣椒喜光好打理，还挺能长，一次摘下来都吃不完，口感鲜嫩。

果色缤纷好滋味

新鲜的水果总会有点酸涩味，多吃会刺激肠胃。而果酱经腌制熬煮，果胶溢出活化，更适应人体的肠胃，也非常适合老人和小孩吃，营养又健康。

一年四季有不同的水果，一般的水果如草莓、芒果、樱桃、蓝莓、青梅、杏、金橘、菠萝、苹果等等都可以做果酱。自己做的果酱原汁原味，散发着天然果香，没有任何添加剂、防腐剂和色素，糖量也可以自行控制。

果酱的做法其实非常简单，一般来说就是腌和煮两步，也可以两种水果混合做。如苹果的果胶比较多，就可以与其他果胶少的水果一起做，可增加果酱的黏稠度，增强口感。

不同的季节做不同果酱，随时能吃到新鲜的果酱，闻着有浓浓的果香味。吃过自己做的真的就不想吃外面买的啦。果酱可以拿来涂抹面包、馒头，也可以调上酸奶直接吃，还可以用来做蛋糕。不过由于自己做的果酱没放任何添加剂和防腐剂，也没像外面买的含糖量那么高，所以应趁新鲜尽快吃完。

草莓酱

草莓是我最喜欢的水果之一，酸酸甜甜，颜色还特别漂亮，草莓上市的季节我会多做些草莓酱，用来抹面包、拌酸奶吃都非常美味，用来做草莓慕斯蛋糕也特别漂亮。

材料

草莓600克，砂糖(或冰糖)150克，半个柠檬（取汁）、盐少许

做法

❶ 草莓洗净，用淡盐水浸泡10分钟，沥干水，切成小块（顺便切去硬蒂），加入砂糖拌匀放冰箱冷藏腌半天。

❷ 腌好的草莓连汁水倒入搅拌机再加半杯水搅成糊。

❸ 倒入锅中大火烧开，撇去上面的浮沫，加入柠檬汁煮至浓稠、透明，其间要搅拌，以防粘锅。

❹ 玻璃小瓶用滚水煮烫，沥干水，将煮好的草莓酱趁热装满瓶，盖紧盖子倒扣去掉空气。

1. 用搅拌机搅过的果酱口感比较细滑。也可以不用搅拌机，将腌好的草莓直接倒入锅中煮，这样煮好的草莓酱还带点果粒，也非常好吃。

2. 糖是天然防腐剂，糖量越多保质期就越长，糖量可根据个人喜好增减。

3. 加入的水量视情况而定，汁水多的时候可不加。

金橘酱

金橘富含维生素，有理气止咳、开胃消食、降血脂等多种功效，金橘上市的时节，可以做苹果金橘酱。经糖水煮过的金橘没有生鲜时的酸涩味，泡茶、抹面包、做甜点都非常香甜。

1 2
3 4

材料

金橘600克，砂糖100克，冰糖100克，苹果1个，柠檬半个，盐少许

做法

❶ 金橘洗净用盐水浸泡1小时，去蒂去核切碎。

❷ 苹果、柠檬不用去皮，也切碎与金橘混合，加砂糖腌两小时。

❸ 将金橘连同腌汁一起倒入搅拌机，再加一小杯水搅打成果泥。

❹ 倒入锅内加入冰糖碎中火煮至浓稠关火，趁热装瓶。

Note

　　1. 苹果含有丰富的果胶，可以让果酱更黏稠更有风味；柠檬能增香增味，还能使金橘保持金黄原色，所以这两种水果最好都能加上。

　　2. 喜欢有果粒的，可省去搅打这一步，将腌好的金橘直接倒入锅中煮就可以了。

青梅酱

　　新鲜青梅，看到就会感觉酸酸的口水在口里直打转。但是青梅做成酱后会特别美味，经过糖腌热煮，少了青涩味，多了甜酸味，特别的清口，是其他果酱没法比的。

　　我最早接触青梅酱是在广州，广州的烧鹅、叉烧一般都会配上冰梅酱，和着烘烤的香味，蘸着酸酸甜甜的冰梅酱，特别美妙。

　　青梅酱的做法比其他果酱更简便，青梅稍稍煮下就会软身，完全可以不用搅拌机。青梅自身含有丰富的果胶，加糖煮一会儿，就变成浓稠的果酱了。

材料

青梅600克，砂糖100克，冰糖200克，新鲜柠檬半个
（取汁）、盐少许

做法

❶ 青梅洗净，加一大勺盐浸泡2～3小时，杀菌去涩。

❷ 锅中加水烧开，加一小勺盐，放入青梅煮5分钟。

❸ 捞出沥干水，此时青梅已软身，皮肉基本分离，先
用筷子拣去梅皮，再用勺子将果肉与核分开。

❹ 将果肉与果核一起放锅中，加入柠檬汁、砂糖、冰
糖，用中火煮至黏稠即可。先将果核挑出，再趁热
将果酱装瓶，剩下的果核就是最纯正、最新鲜的话
梅，特别好吃。

1. 糖的用量可自行调整，喜欢甜的可以再多放些糖。

2. 与其他果酱一样，瓶子一定要高温消毒，最好选用小瓶分装，尽量装
满，这样即使不开封也可以存放多日。

3. 青梅还可以用来做青梅酒。做法很简单：准备好干净瓶子，将用盐水浸
泡过的青梅沥干水，一层青梅一层冰糖装入瓶子，
最后加满高度白酒，密封保存两个月后就可以喝
了，不开封的话可存放很久。青梅酒对治疗许
多肠胃病有一定的疗效哦。

4. 如果在做好的盐水花生（花生加水、
加盐煮15分钟）中加一勺青梅酱，酸酸甜甜的
味道立马会赋予花生别样的口感。

糖渍橙皮

新鲜橙子榨汁后常常会多出很多橙皮，一般随手就扔掉了。其实橙皮富含维生素和果胶，有理气、消食、化痰、健胃等功效，完全可以再利用。

用橙子皮做成的糖渍橙皮，用处很多，可直接泡水喝，可以做甜点，也可以加入到西点中增色增味，发糕、八宝饭等中式点心也可加点糖渍橙皮丁增味添香。淘宝上卖的进口糖渍橙皮，价格都不便宜，其实自己现做的更新鲜更好吃。

材料

橙皮150克，冰糖120克，水150克，盐少许

做法

① 选光亮且外皮没有打蜡过的新鲜橙子。

② 橙子外皮用细盐擦洗干净，切去顶部和底部后切片，果肉可榨汁，橙皮除去里面的白衣，保留橙色外皮。

③ 将橙皮放锅中加水煮5分钟，去掉苦涩味。

④ 将煮过的橙皮切成丝，顺便再清除下里层白衣。

⑤ 将橙皮丝放锅中加一小杯水，再加入冰糖一起中火煮。

⑥ 煮至橙皮透明、糖汁浓稠就可以关火。

 Note

1. 要买新鲜光亮没打过蜡的橙子。橙皮内的白衣有苦涩味，要清除干净。白衣煮之前比较难去干净，但清水煮过后，橙皮变得软绵，去白皮就很方便了。

2. 煮橙皮要随时盯着，看到橙皮透明、糖汁浓稠就可以关火了，如果糖汁完全收干就是煮过头了，会煳底。

3. 多出来的橙皮可以直接晒干存放，可用来泡水喝，也可在烧鱼、烧肉时加点进去，能去腥增香。

糖渍金橘

1
2
3
4

金橘营养丰富，有理气润肺、止咳化痰等多种药用功效，被称为保健的黄金水果。经糖水热煮过的糖渍金橘没有生鲜时的酸涩味了，软绵香甜，可以泡水喝，也可以直接当休闲零嘴吃，都非常美味。

材料

金橘500克，砂糖60克，冰糖60克，盐少许

做法

❶ 金橘表皮用盐搓洗一下，洗净沥干。

❷ 用小刀在金橘表皮垂直割上7～8道，再压扁，用刀尖挑出里面的核，依次处理好。

❸ 砂糖放小碗中，依次将金橘滚上砂糖，再放进干净的密封碗中，放冰箱冷藏腌制一晚。

❹ 取出后倒入锅中，加入冰糖碎，再加一点水，中火煮至金橘透明且糖汁浓稠时关火（15分钟左右）。

 Note

1. 如果腌出的糖汁多，煮的时候可以少加点水，不要加多，一般煮15分钟左右即可，煮的时间太长金橘会过软。

2. 煮的期间要拨动金橘以防粘底，煮至糖汁稠厚就可以关火了，不要等汁水完全煮干，那样会煳锅。

3. 存放的瓶子要用滚水煮烫消毒。

Part 2

记忆中的手作美食

品味永远的好味道

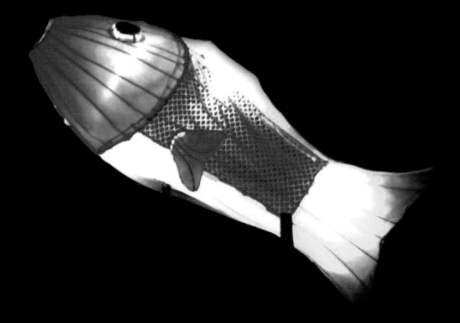

过年的味道

从前，一到过年的时候，家家户户都会做好吃的。孩子们最开心了，因为过年可以吃到很多平时吃不到的东西。

在我的记忆里，过年就是团圆的味道、开心的味道、吃饭的味道、零食的味道、鞭炮的味道，这些味道都是大家期待了整一年的，是最欢乐的味道。

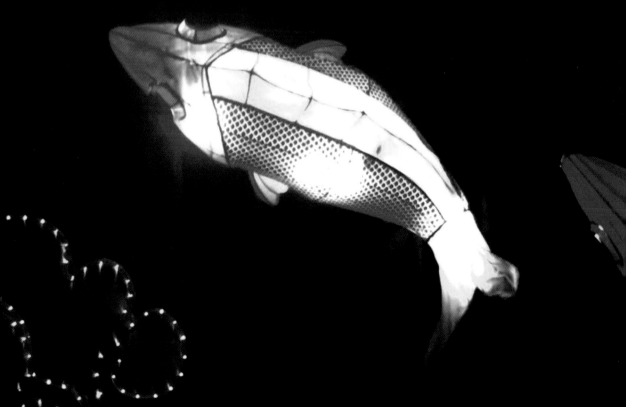

八宝饭

我们江南传统年夜饭的最后一道是甜品八宝饭，软软糯糯的米饭，中间夹着甜甜的红豆沙，上面有八样蜜饯，软糯香甜，一家人你一勺我一勺，幸福无比。

八宝饭自己做也很简单，准备好糯米、豆沙、蜜饯就可以了，豆沙可以自己做也可以买现成的，我一般喜欢自己做豆沙，感觉比外面买的香甜好吃多了。

材料

糯米1碗，红豆沙、猪油、砂糖、干果、蜜饯各适量，油少许

做法

❶ 糯米浸泡一晚，加水至刚盖过糯米，隔水蒸30分钟左右，关火焖5分钟。

❷ 取出，趁热加一勺砂糖、一勺猪油拌匀。

❸ 准备几个碗，碗内抹一层油，排好干果、蜜饯。

❹ 先放一层拌好的糯米饭，再加上一层红豆沙。

❺ 上面再盖上糯米饭，用勺子压实，吃的时候再上炉隔水蒸20分钟，取出倒扣即可。

　　1. 上面的蜜饯、干果可根据个人喜好选红枣、蜜枣、核桃、莲子、松子仁、瓜子仁等各种果脯。

　　2. 倒扣后也可以再淋点糖水或薄芡，口感更好。

黑芝麻核桃糖

芝麻营养丰富，含有大量的蛋白质、脂肪和维生素，而黑芝麻营养更胜一筹，具有滋补养血、明目、养发养颜等多种功效，适量吃些益处多多。

记得以前过年都要吃这芝麻糖，记忆中它特别的香甜好吃。芝麻糖材料简单，做法也容易，准备些当做假日休闲小点心非常不错。喝茶聊天吃上几片芝麻糖，满口生香，老人小孩都特爱吃。

材料

黑芝麻250克，核桃60克，砂糖120克，麦芽糖100克，水40克

做法

❶ 黑芝麻和核桃烤香，核桃去衣掰成小块。

❷ 锅中放糖加水加入麦芽糖，中小火慢煮。待糖融化后水分散发慢慢变成浓稠的白泡时关火。

❸ 倒入烤好的黑芝麻和核桃快速拌匀。

❹ 出锅马上倒入平盘中摊平压实。

❺ 趁温热时倒出，切成小块。

1. 平盘要垫不粘纸，倒入的芝麻糖要趁热快速压平、压实，先用手基本压平，再取另一平底盘放上面按压平整。

2. 按压平整的芝麻糖要趁温热的时候切片，否则凉了会变硬，容易切碎。

沙琪玛

沙琪玛是满语"萨其马"的音译，原是清朝宫廷名点，也是现在著名京式四季糕点之一。沙琪玛口感软绵酥松，香甜可口，是非常受大众追捧的一款糕点。

做沙琪玛不需要烤箱，做法也不难，自己家里刚做好的沙琪玛，外皮有点脆脆的口感却是软软的，秒杀超市里卖的任何品牌。

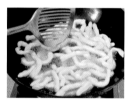

材料

主料：高筋面粉180克，泡打粉2克，奶粉10克，盐1.5克，鸡蛋2个，温水20克左右，黄油10克

糖浆：砂糖130克，麦芽糖180克，水50克

配料：烤香花生60克，烤香白芝麻30克，葡萄干30克

做法

❶ 粉类混合过筛，加入蛋液。先用筷子搅拌成片状，视情况添加水揉成团，加入软化黄油再用手揉成光滑的面团，盖上保鲜膜放冰箱冷藏松弛两小时。

❷ 面板撒上干粉，将面团擀成8厘米宽、0.4厘米厚的薄片后切成细条，快速撒上干粉并抓散。

❸ 锅内多放些油，烧热至160℃左右，分次放入面条，炸至金黄，取出放在吸油纸上。

❹ 熬糖浆：将糖浆材料放入干净锅子，中火慢慢熬煮，最后水分蒸发变成粗泡就关火。马上倒入炸好的面条以及花生和葡萄干快速搅匀，最后撒上白芝麻。

❺ 装入平底盘压平压实。

❻ 成型稍凉后分切成小块。

1. 也可以用普通精粉代替高筋面粉。因面粉吸水性不同，鸡蛋大小也不一，所以揉面时加的水要最后慢慢地加。面团要湿软一点，这样成品口感才会酥软。

2. 材料中的泡打粉也可以换成干酵母，起发酵膨胀的作用。

3. 煮糖浆时不要搅动过多，否则容易起沙。

开口笑

开口笑是以前过年必吃的点心之一，因外形的裂口像人在开口大笑，就有了这个喜庆的名字，寓意"笑迎新年"。

　　开口笑的材料比较简单，用普通面粉、油、糖、蛋就可以了。刚炸好的开口笑外脆内酥，老人小孩都喜欢吃，是过年少不了的小点心。

材料

中筋面粉（普通面粉）150克，鸡蛋1个，砂糖30克，麦芽糖30克，泡打粉2克，猪油（或色拉油）20克，水30克左右，白芝麻适量

做法

❶ 猪油融化，与所有材料混合和成团（水视情况需要最后添加），盖上保鲜膜松弛20分钟。

❷ 搓成直径约2厘米的长条，再分成小份搓圆。

❸ 在小面球上喷点水，滚上白芝麻搓搓一下。

❹ 锅中加油烧至六成热，逐个放入滚好白芝麻的面球。待小球慢慢裂开口子，稍稍搅动，此时可将锅子离火降温一小会儿（油温太高中间不易炸透），再回炉火上炸至金黄色即可。

　　1. 因鸡蛋大小不一，水要视情况最后慢慢加入，面团干湿度要适中。

　　2. 所有材料混合成团就可以了，揉面不要过度，否则不容易开裂，成品也会不够酥松。

　　3. 滚上芝麻后要再揉搓一下，这样炸的时候就不容易掉芝麻。

　　4. 面球入锅炸时先不要搅动它，待其浮起开裂后再翻动，出锅时油温不能太低，否则容易积油，出锅后将开口笑放在吸油纸上，吸去多余的油。

芝麻薄脆

芝麻薄脆是大家喜爱的一款休闲小点，口感类似传统的蛋卷，但比蛋卷更香酥，因为材料中有多多的芝麻，一口下去满嘴酥香，特别香脆。记得小时候这芝麻薄脆只有过年时才能吃到，用大红盘装着，还有蛋卷、芝麻糖等，那时感觉这些小点心是过年最好吃的东西，特别期盼。

芝麻薄脆材料普通，做法也简单，只要有蛋白和芝麻，在家就可以动手做。做西点多出的蛋白最适合做这芝麻薄片啦。

1 2
3 4

材料

蛋白2个（约75克），芝麻80克，砂糖35克，色拉油30克，低筋面粉35克，盐2克

做法

❶ 准备材料，芝麻烤香待用。

❷ 蛋白加糖打散，再加入色拉油、盐，筛入低筋面粉搅匀，最后加入芝麻拌匀（留10克撒面用）。

❸ 烤盘铺上高温油布，用勺子将芝麻糊分个摊薄，上面撒上余下的芝麻。烤箱170℃预热，烤10分钟左右（上色就可以了）。

❹ 出烤箱后趁热取下，如果需要将薄脆擀成瓦片状，可以趁热将其放在擀面杖上成型。

1. 因面糊稀薄，烤盘要全平的不能有凹槽，否则成不了型。

2. 烤盘上要垫高温不粘布，方便烤好后取下。

3. 烤的时候要全程监视，因面糊稀薄，很快就能上色烤好的，千万不要烤过头了。

4. 也可以将芝麻换成杏仁片，一样香脆好吃。

糖霜花生

糖霜花生是以前过年过节少不了的零食，以前店里都有卖糖霜花生和鱼皮花生，香香脆脆，特别喜欢吃，那时的糖霜花生外层裹的糖衣比较厚，白白的一层，味道较甜，现在自己在家做，糖衣可以做薄点，就不会太甜，更加香脆。花生果、长生果，红白相间，过年桌上摆上一盘，吉祥喜庆。

1 2 3
4 5 6

材料

花生250克，盐15克，热水适量

糖浆：砂糖120克，水40克

做法

❶ 花生加盐加热水浸泡10分钟后沥干水。

❷ 花生放烤盘摊平，进烤箱烘烤，160℃烤30分钟左右。

❸ 烘烤期间翻动几次，烤好后放凉待用。

❹ 锅中加砂糖和水，中火煮至糖融化起白泡，呈黏液状就可关火。

❺ 马上倒入放凉的花生，快速翻拌让每一粒都挂上浆，尽量把每一粒花生散开。

❻ 出锅装盘散热。

Note

　　1. 喜欢甜味的，可省去前面的盐水浸泡步骤，花生清洗后便可直接烘烤。

　　2. 没有烤箱的话，也可将花生炒香。

　　3. 花生的红衣有养血、补血等功效，可以不用去除。

紫薯松糕

松糕是我们中国传统特色点心，又名松高，寓意步步高，是很多地方喜庆节日必备点心之一。记忆中的松糕有很多种类，比如红枣松糕、豆沙松糕，还有定胜糕，过年吃松糕便可以讨个好彩头，非常有节日的味道。

杭州河坊街的定胜糕就是松糕的一种，以前定胜糕的材料基本就是大米粉，成品比较粗硬，现在根据大众的口感喜好，慢慢减少了大米粉的量，增加了糯米粉的比例，成品口感就软糯了许多。我觉得松糕吃的就是质朴粗实的口感，糯米粉也不能添加太多，太软糯也就不是松糕了。

材料

粘米粉（大米粉）180克，糯米粉100克，糖粉60克，奶粉15克，牛奶110克，紫薯泥100克，新鲜柠檬汁1小勺

做法

❶ 紫薯煮熟后去皮，加柠檬汁压成泥，过筛备用；所有粉类混合，慢慢加入牛奶，用叉子叉成半湿状粗颗粒（用手按捏一下，不散开即可），放置1小时。

❷ 将糕粉分成两份，取其中一份加进紫薯泥叉匀，两份分别过筛。

❸ 准备好通底模具，底部垫上透气纱布。

❹ 先将过筛好的紫色糕粉加入模具至一半满，再加白色糕粉填满，隔水蒸10分钟，再焖5分钟，取出脱模即可。

1. 牛奶最后要看情况慢慢加，不同牌子的粉的吸水性不一样，手捏能成团即可，不能太稀，否则很难过筛，过筛是个费时的活，要耐心。

2. 紫薯泥中加点新鲜柠檬汁，可以让颜色变得鲜亮红紫。

3. 糕粉入模时不要按压，轻轻加满即可，最上面那层可用筛网直接筛在面上，那样成品的面平整又漂亮，中间还可以加豆沙，成品口感会更丰富。

4. 蒸的模具要上下透气，不要让蒸汽滴入松糕。刚蒸好的松糕非常松软，要趁热吃，冷了会变硬，需要重新蒸软。

中国的历史产生了许多传统的节日，每一个节日都有独特的形式和内容，每一个节日都有它特殊的意义。在中国，几乎每一个节日都融合着吃的习俗，春节的团圆饭、元宵节的汤圆、清明的米团、端午的粽子、中秋的月饼，还有立夏的乌米饭和冬至的饺子等等。这里不仅有当季最新鲜的食材，还有着对祖先最接地气的传承。

传统节日，
好味连连

清明节是我国最重要的祭祀节日，按照习俗，人们要在这一天祭祖扫墓，缅怀先人。古时候民间在这一天还要禁火，只吃凉的食物。清明团子也叫清明粿，用新鲜艾草浆与糯米粉做成，是江南人清明节必吃的美食。

每当清明前后，菜场都会售卖新鲜艾草，用新鲜艾草做的青团，没有任何添加剂，只有独特的艾草香，特别好吃。传统做法是新鲜艾草用石灰水捣成浆再与粉混合，现在我们用现成的食用碱替代石灰水，用搅拌机搅打出浆，非常方便快捷。

材料

材料：新鲜艾草200克，糯米粉150克，糖粉10克，色拉油20克，食用碱1小勺

内馅：麻心150克（熟黑芝麻粉、绵白糖、猪油各50克混合揉成团）

做法

① 艾草去掉根、茎清洗干净。

② 锅中加水烧开，加1小勺食用碱，放入艾草焯烫一下，出锅马上用冷水冲淋下，再挤干水。

③ 将煮过的艾草放搅拌机加300克左右的水搅成艾草浆。

④ 取150克艾草浆用微波炉加热，趁热加入糯米粉、糖粉和色拉油，先用筷子搅成片状，再加入色拉油搅匀，最后用手揉成光滑的面团，静置20分钟。

⑤ 面团分成每个约30克的小团。将麻心内馅分成各15克的小份，用保鲜膜辅助揉成团，再分别包入每一个面团中。

⑥ 放蒸笼隔水蒸15分钟即可。

⑦ 蒸好的青团可以直接吃，也可以包上保鲜膜，方便清明踏青时外带。

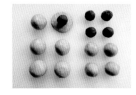

1	2
3	4
5	6
7	

1. 碱能让艾草中的绿叶素充分溶解出来，使艾草颜色更碧绿，还可以去掉艾草的一部分苦涩味。

2. 艾草浆加热后再拌粉，面团会更柔软、黏稠。面团应该软硬适中，可以视情况调整浆水与糯米粉的比例。

3. 上文的青团是用纯糯米粉做的，口感非常软糯。也可以加点大米粉（120克糯米粉＋30克大米粉），这样口感和外形会变得硬朗一些。

4. 多出来的艾草浆可以放冰箱冷藏，但必须尽快用完。也可以把我们江南特有的雪菜春笋当做内馅做成咸味青团，也非常鲜美。

立夏乌米饭

立夏日，顾名思义就是春去夏来之时。传统的节气是非常准的，立夏日一过，气温就会蹭蹭上升，很多新鲜的蔬菜、水果，如蚕豆、苋菜、黄瓜、莴苣、樱桃、桂圆等都会在这时上市。民间在立夏历来有很多习俗，如吃乌米饭、尝三鲜、喝七家茶、斗蛋等等。

这乌米饭不是用黑米做的，用的是普通白糯米，人们用奇妙的乌饭树叶将糯米染黑做成乌米饭，来祈求一年的安康。立夏前后菜场一般会售卖新鲜乌饭树叶，有了这新鲜乌饭树叶，就可以做多款乌米饭了，咸的甜的你都可以尝试。

先来做乌米饭

材料

乌饭树叶250克，白糯米500克

做法

❶ 乌饭树叶拣去枝条，清洗干净。

❷ 将乌饭树叶放进搅拌机，加两杯水搅成糊状，取出倒碗里放置半小时后过滤出乌饭树叶汁。

❸ 将白糯米淘洗净、沥干水，放到乌饭树叶汁水里浸泡过夜。

❹ 白糯米泡过夜即可变成黑色。

❺ 倒出少许汁水（剩下的汁水刚刚盖过糯米即可），隔水蒸20分钟就是乌黑发亮的乌米饭了。

咸味乌米饭

材料

腊肉、豌豆、春笋、糯米饭、盐、油各适量

做法

豌豆洗净，春笋、腊肉均切成丁，锅中放少许油，先放腊肉和笋丁，煸炒后加入豌豆，再翻炒片刻，最后加入蒸好的糯米饭一起翻炒均匀，加盐调味后即可出锅。

甜味乌米糕

材料

葡萄干、红枣、核桃、白糖、色拉油适量，乌米饭适量

做法

❶ 核桃用烤箱烤香去衣掰碎，葡萄干、红枣隔水蒸软剪碎。

❷ 蒸好的乌米饭加1勺糖、1勺油搅匀，再上火蒸15分钟，使糖和油完全融入到乌饭中。

❸ 再加入切碎的干果，拌匀即可。

❹ 做好的乌米饭可直接吃，也可用模具按压成乌米糕，或者做成球状，包上保鲜膜，方便外带出门。

Note

1. 传统的乌叶汁是用手搓出来的，不仅花费时间还会黑手，现在我们可以利用搅拌机，省时省力。

2. 蒸好的乌米饭加点白糖就可以吃了，非常清香。

　　广式月饼，传统、经典，中秋节一定少不了它，但外面买来的广月，总感觉太甜、太腻，因为厂家为保持较长的保质期，一般都重油、重糖还添加防腐剂。自从学会自己做后，我就不想吃外面卖的了，因为自己做的月饼的糖、油量可以酌情减少，还可以根据喜好做内馅，更没有任何添加剂。中秋吃上自己做的月饼，欢乐又甜蜜。

材料

饼皮材料：中筋面粉160克，月饼专用糖浆115克，枧水2.5克，色拉油45克

内馅材料：咸鸭蛋黄8个，白莲蓉和黑麻蓉各180克

分量：16只

做法

❶ 先做内馅：咸鸭蛋黄洒点白酒，烤箱160℃烘烤6分钟取出，去掉底部硬皮后分切两半，用保鲜膜辅助按压成小圆（每个约7克），莲蓉和麻蓉分别分成每个23克的小团，包入半个咸蛋黄做成内馅。

❷ 糖浆、枧水混合搅匀，加入色拉油搅至乳化，再筛入中筋面粉揉成面团，静置松弛两小时。

❸ 将面团分割成16等份（每个约20克），分别擀开包入准备好的内馅，利用虎口慢慢将外皮往上推，直至封口。

❹ 包好馅的饼坯裹上薄薄一层干粉，放入模具压成型，用刷子扫去多余的干粉。

❺ 进烤箱前在月饼上喷薄薄一层清水。烤箱预热200℃，先烤7分钟使月饼定型，取出稍凉后刷两次蛋液（由一个蛋黄、小半个蛋白组成），温度调至170℃，再烤20分钟左右上色即可。

1. 我用的是50克月饼模，饼皮20克，内馅30克，喜欢皮薄的可以调整比例。

2. 广月的内馅不能湿软，要硬实一点，否则烘烤时容易变形。

3. 刷面的蛋液要过筛，刷的时候蘸少一点薄薄地刷一层，不要让蛋液流到缝隙间，刷好蛋液是成品漂亮的关键。

4. 月饼烤完放凉后是硬的，需要回油后再吃，可以装入保鲜袋，袋口不要封实，室温放置两天左右就回油了（气温不同回油时间也会不同）。回油好的月饼外皮细腻光亮，口感酥软，应趁新鲜尽快吃完，自己做的月饼没添加防腐剂，不能久放。

斑斓冰皮月饼

中秋月饼，除了传统广月、榨菜月饼、蛋黄酥等，我还喜欢冰皮月饼，它颜色梦幻，口感软糯，味道清新。用纯天然的斑斓叶汁着色的冰皮月饼颜色亮丽，还带有斑斓叶的清新香甜。加入与斑斓最搭的椰浆，浓浓的椰香配上清香的斑斓叶，好喜欢这一抹清新的绿。

1	2
3	4
5	6

材料

新鲜斑斓叶3片

A：冰皮粉80克，玉米淀粉60克

B：斑斓汁70克，椰浆70克，黄油50克，砂糖15克

C：手粉适量（可直接用冰皮粉，也可将糯米粉微波炉加热至熟后过筛）

D：白豆沙300克（材料和做法参看P047页）

做法

❶ 准备好材料。

❷ 斑斓叶洗净剪成小段，放搅拌机加1杯水搅成汁，过滤出汁水待用。

❸ 材料A混合过筛，材料B放锅中煮至微开关火搅匀，慢慢加入到过筛的粉中，边加边搅拌，成团后带上一次性手套揉捏一会儿使面团光滑上劲，盖上保鲜膜放冰箱冷藏松弛1小时。

❹ 取出面团，分成每个约25克的小团，分别包上已揉成团的白豆沙馅（25克）。

❺ 脱去油的手套，换上干净的，将每个面团抹上薄薄一层手粉，模具上也撒上一层手粉，按压成型。

❻ 放冰箱冷藏两小时后吃口感最好。

1. 内馅也可以用绿豆沙、奶黄馅等，都非常香甜清口。

2. 也可以揉点原味白色的面团，与斑斓汁面团揉合，就成漂亮双色了。

3. 斑斓叶又叫香兰叶，盛产于马来西亚，是东南亚制作食物和糕点的常用香料之一，能让食物更加清新、香甜，很多东南亚甜点中还把斑斓叶做成盛器，用来装新鲜椰汁做成的糕点。

蛋黄酥

　　中秋节，现在特别流行自己做蛋黄酥。家里现烤的蛋黄酥外皮香酥，内包豆沙和蛋黄，非常甜美。蛋黄酥的内馅非常重要。蛋黄最好买整个的生咸鸭蛋，这样取出的蛋黄才够新鲜油润；豆沙也要用自己现做的，会特别纯香；还有猪油也要新鲜熬制，用这样实实在在的料烤出来的蛋黄酥才叫好吃。

材料

油皮材料：中筋面粉125克，猪油40克，糖粉10克，温水55克

油酥材料：低筋面粉100克，猪油45克

内馅材料：红豆沙240克（红豆沙做法看P043），新鲜蛋黄12个

分量：12个（每个蛋黄酥油皮约18克，油酥约12克）

做法

❶ 先做内馅：磕出的蛋黄放烤盘上，喷点白酒；烤箱预热，160℃烤约7分钟，刮去底部硬皮成每个12克左右的蛋黄；将豆沙分成每个20克的小团，拍扁包入1个蛋黄待用。

❷ 猪油室温融化，将油皮材料混合，先用木勺搅和成团，再用手揉成光滑有韧性的面团，放置松弛1小时；油酥材料也用木勺搅成团；油皮团分割成12份（每份约18克），油酥团分割成12份（每份约12克），把油皮擀开包入1份油酥。

❸ 包好后收口朝上擀成长椭圆形，从下往上卷起，松弛10分钟后再擀开成椭圆形，再卷起，松弛10分钟。

❹ 取一面卷，用大拇指从中间位置按下，将两头合并，再压扁擀圆。

❺ 包入做好的内馅，利用虎口收口、捏紧，收口朝下。

❻ 包好的蛋黄酥排入烤盘，刷上蛋液，进180℃预热的烤箱先烤10分钟，取出再次刷蛋液，同时撒上芝麻，将温度调至170℃再烘烤30分钟左右，表面上色即可。

| 1 | 2 | 3 |
| 4 | 5 | 6 |

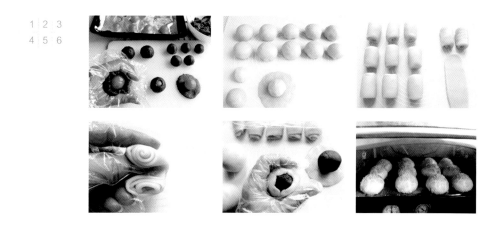

　　1. 面粉品牌不同，吸水性也稍有不同。制作油皮时加的温水可视情况适当增减。面团软硬度要适中。

　　2. 操作全程要用保鲜膜盖好面团保持温度，也要关好厨房窗户避免风吹变干。

　　3. 外皮收口要紧实，否则高温烘烤后底部容易爆裂。

　　4. 蛋液一个蛋黄加小半个蛋白打散即可。

中秋月饼季，换着花样做月饼。这双色紫薯酥，外形和做法与传统月饼完全不同，其实已经不能称之为月饼了。它的做法与蛋黄酥相似，双色酥皮，内有紫薯蛋黄，内外皆有一抹淡淡的紫色，看着让人心情大好，爱不释手。

材料

油皮材料：中筋面粉（普通面粉）110克，室温猪油40克，细砂糖8克，温水40克

油酥材料：低筋面粉85克，室温猪油40克，紫薯粉8克

内馅材料：蛋黄紫薯馅12个（每个需咸蛋黄半个约8克，紫薯泥20克）

分量：12个，每个53克（内馅约28克，外皮约25克）

做法

❶ 先做紫薯泥：500克紫薯用水煮熟，去皮压成泥，放锅中加黄油60克、砂糖20克翻炒稠厚即可。

❷ 猪油室温融化，油皮材料混合揉成光滑面团，盖上保鲜膜松弛1小时，油酥材料也混合和成团，盖上保鲜膜松弛10分钟；松弛好的油皮团均分成6份，每份约30克，油酥团也分成6份，每份约20克。

❸ 把油皮擀开包入1份油酥，包好后收口朝上擀成长椭圆形，从下往上卷起，松弛10分钟，再同样擀开卷起重复一次，松弛10分钟。

❹ 用锋利的小刀将卷好的面团对半横切。

❺ 切面朝上擀成圆片，再翻面（原切面朝外）包上蛋黄紫薯馅。

❻ 烤箱预热185℃，放入紫薯酥烘烤20分钟后加盖锡纸，再调温度至175℃继续烘烤20分钟左右。

1 2 3
4 5 6

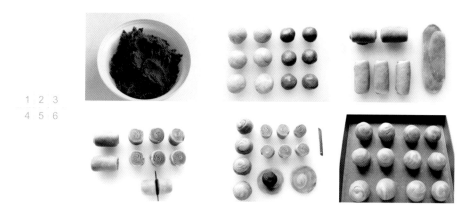

1. 紫薯水分少，需要水煮，这样去皮后才容易压成泥，如果蒸熟或微波炉加热就会比较干，很难压成泥。

2. 内馅里我用了半个咸蛋黄，整个咸蛋黄洒点白酒烤箱160℃烘烤6分钟左右，分切两半再用保鲜膜辅助按压成圆球（半个约8克），外面包裹约20克的紫薯泥，内馅共约28克，外皮是25克。

3. 分切两半的刀一定要薄、要锋利，一刀下去就能对分，否则切面混酥，会影响烘烤时开酥。包的时候也要注意尽量少碰切面，否则也会影响开酥。

双色汤圆

正月十五闹元宵，大红灯笼高高挂，圆圆的元宵象征着团圆美满，吃了元宵才算是圆满地过了年。

常有人问元宵和汤圆的区别，我想应该是南北叫法不同，做法上也有所区别。北方的元宵是"滚"出来的，先将内馅做好再不断翻滚粘糯米粉而成，而我们南方的汤圆是"包"出来的，外皮和内馅分别做好，再包裹起来，内馅通常就用黑芝麻心，外皮软糯内馅油润香甜，非常美味。我喜欢在元宵节自己做汤圆吃，甜甜蜜蜜，团团圆圆。

材料

外皮材料： 水磨糯米粉250克，金黄南瓜100克，温水适量

内馅材料： 黑芝麻80克，生猪板油100克，绵白糖100克

1	2	3
4	5	6

做法

❶ 先做内馅：黑芝麻烤香碾磨成粉，生猪板油滚水烫一下后去衣剁成碎末；再将芝麻粉、板油末和绵白糖混合拌匀，放入保鲜袋压平，放冰箱冷冻半小时左右后取出切成小块，在保鲜膜辅助下按压成团，每个约8克。

❷ 先取50克糯米粉加少许水揉成团，再分成5个小团，锅中加水烧开放入小团煮至浮起关火。

❸ 南瓜丁隔水蒸熟压成泥，趁热加入100克糯米粉，取上面煮熟的两块小面团撕成小块一起加入揉成团（视情况添加水，面团软硬度要适中），盖上保鲜膜静置半小时；剩下100克糯米粉，加入余下的3块熟面团（撕成小块），加适量温水揉匀成团，盖上保鲜膜静置半小时。

❹ 南瓜面团和白色面团分别搓成长条，再绞成绳状，分切成小段，每段约16克，压扁擀平分别包入1份芝麻馅搓圆。

❺ 锅中加水烧开，放入汤圆，煮开后再加半碗凉水，待汤圆再浮起时就可关火起锅，撒上干桂花即可。

❻ 暂时不吃的汤圆可放入保鲜盒进冰箱冷冻存放，可随时取出煮吃。

1. 如果没有做内馅的生板油，可以用熬好的熟猪油替代，但吃起来没有用生板油做的香。

2. 南瓜压成泥后最好过筛，这样做出来的汤圆口感会更细糯。

老底子的味道

很多记忆中的味道是挥之不去的。
爆米花、糖年糕、酸梅汤、果子露，
这些味道带着过去的美好，封存在记忆
中，每每想起都让人无限怀念……

桃酥

桃酥历史悠长，最早是宫廷贡品，历经百年而久盛不衰，直至现在也还有很多专门卖桃酥的"宫廷桃酥""桃酥王"等糕饼店。桃酥口感香酥松脆，表皮有漂亮的裂纹，一口咬下去松松脆脆，老底子的味道。

1 2
3 4

材料

猪油80克，细砂糖80克，蛋1个，低筋面粉150克，无铝泡打粉2克，小苏打粉2克，盐2克，大核桃50克

做法

❶ 准备材料：大核桃烤香掰碎，粉类过筛，猪油室温软化。

❷ 猪油加砂糖、鸡蛋（留出一点蛋白刷面用）搅匀，再加入过筛的粉以及盐和核桃用刮刀切拌成团，盖上保鲜膜松弛30分钟。

❸ 揪成一个个小团揉圆后压扁放烤盘，表层刷上蛋白液，放置20分钟。

❹ 烤箱180℃预热，烘烤20分钟左右。

1. 蛋糊与粉类混合时要用切拌手法，拌至无干粉即可，不要多拌，否则会影响成品的松脆度。

2. 猪油最好用现熬的，会更香，小苏打粉最好也不要少，否则做不出桃酥特有的味道。

鸡仔
饼

鸡仔饼也叫腐乳饼，是一款非常受欢迎的传统点心，鸡仔饼用料奇特多样，加了南乳、冰肉、蒜末和五香粉等材料，香味浓郁、甜而不腻，层层叠叠的味道，咬一口，浓香满嘴，南乳的咸香、冰肉的甘鲜、蒜蓉的辛香、芝麻的油香，越嚼越有味，唇齿舌尖余香不断。

做好冰肉是制作鸡仔饼的关键，肥肉必须经过煮烫再加酒加糖，最后经冰箱冷藏后才能变得雪白如冰、爽脆清甜、肥而不腻。鸡仔饼有包皮、半包皮和单皮等多种做法，有的地方包皮后会再用专用模子按压出花纹，个人相对喜欢半包皮的。

材料

面皮材料：中筋面粉120克，月饼糖浆80克，枧水1.5克，色拉油30克

馅料：冰肉120克，细砂糖60克，白酒（或朗姆酒）20克，南乳25克，大蒜3瓣，色拉油15克，糯米粉40克，松子40克，白芝麻30克，盐2克，五香粉少许

1

2

3

4

5

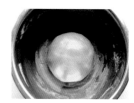

做法

❶ 先做冰肉：240克肥肉切成黄豆大的小丁，锅中加水烧开，下肉丁焯烫熟后捞起沥干，加60克细砂糖、20克酒拌匀密封，放冰箱冷藏1～2周。

❷ 面皮：糖浆隔水融化，加枧水搅匀，再加色拉油搅匀，最后加入过筛的中筋面粉拌匀成团，放置1小时。

❸ 馅料：白芝麻、松子烤香，糯米粉微波炉加热两分钟后过筛，大蒜切末备用；将冰肉、砂糖、南乳、蒜末、色拉油、盐、五香粉先拌和，再加入糯米粉、芝麻、松子拌匀即可。

❹ 取1个小面团（约3克）按扁，放上1勺馅料（约8克），上面再压上1个按扁的面团（约3克），压平放烤盘，刷上蛋液。

❺ 烤箱175℃预热，先烘烤10分钟至表面上色，然后加盖锡纸再烤10分钟左右。

1. 冰肉要提前做，步骤1中的冰肉可以做两次鸡仔饼，多出来的冰肉可以冷藏两周。

2. 没有月饼糖浆可以用麦芽糖，隔热融化即可。

3. 刚烤好的鸡仔饼是酥软的，凉了会变硬，鸡仔饼做好后通常要放上几天等回油后再吃，口感就非常油润软韧，特别美味（可将烤好的鸡仔饼装入保鲜袋，不要封口，几天后就会回油变软）。

桂花糯米糕

桂花糯米糕香浓软糯，老少咸宜，可加红枣、核桃等做出多种不同品味，最后撒上桂花，特别香甜。桂花糯米糕是以前过年的必备点心，吃发糕寓意步步高升，黄灿灿的颜色显得特别喜气，贴上"喜"字就是过年赠送亲友的喜庆礼物。

1 2
3 4

材料

鸡蛋4个（约210克），糯米粉100克，低筋面粉60克，细砂糖80克，酵母2克，泡打粉2克，色拉油12克，烤香核桃20克，黄油、干桂花适量

做法

❶ 全蛋隔温水（38℃左右）打发膨胀，再加入细砂糖继续搅打使蛋液变浓稠、膨胀，打发好的蛋糊捞起有明显纹路；粉类加酵母先过筛两次，再分三次筛入到蛋糊中，用刮刀翻拌均匀。

❷ 色拉油隔水加热，先取一勺面糊与色拉油拌和，再加到面糊中翻拌均匀，最后加核桃。

❸ 模具垫好油纸，倒入面糊，放锅中隔水蒸20分钟左右（关火再焖5分钟）；黄油融化备用。

❹ 趁热在蒸好的发糕表面抹上融化的黄油，撒上干桂花，切块即成。

1. 全蛋打发在整个制作过程中非常关键，一定要打至蛋液膨胀有厚度，这样做出来的糕才会松软；粉要过筛，油要加热，这样面糊才能更好地融合；要用翻拌手法拌糊，以免消泡过多。

2. 表面也可以加红枣、葡萄干、核桃等干果，内容更丰富，口味更香甜。

空心麻球

麻球是大众喜爱的经典传统点心。刚炸好的麻球色泽金黄，外脆内糯，还带点韧性，我经常会买来当早点吃。麻球材料简单，做法也不复杂，但炸的时候还是需要些技巧，比如油温、按压膨胀的手法等都要控制好，才能做出外皮薄韧、里面软糯的麻球。

材料

糯米粉100克，澄粉(小麦淀粉)25克，色拉油15克，细砂糖25克，泡打粉2.5克，热水50克，外滚白芝麻约40克

做法

❶ 澄粉加少许热水用木勺搅成团。

❷ 热水50克加糖搅至糖溶化，步骤1的澄粉盆中加入糯米粉、泡打粉、色拉油和糖水一起搅匀揉成团，放置醒发1小时左右。

❸ 将醒好的面团分成每个20～25克的小团揉圆。

❹ 面团喷点水，每只外面均匀地滚上白芝麻，滚好芝麻后要再按压一下，这样油炸的时候芝麻不易掉。

❺ 锅子多放些油，烧至五六成热，改小火放入麻球。当麻球外壳稍定型时用大勺底按压，让空气进入，按扁的麻球受热又会重新膨胀变圆。

❻ 这样反复按压几次，麻球会膨胀得越来越大，外皮也会变得薄韧，炸至外皮金黄酥脆即可。

1 2 3
4 5 6

  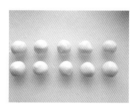

Note

　　1. 加了澄粉的成品口感会更香脆，揉面的时候加的水量视情况可适当调整，面团的软硬度适中即可。

　　2. 油炸的时候按压进气是麻球膨胀的关键，按压不需要太重，按扁就可以了，压破的话反而会影响再次膨胀。

　　3. 也可以将麻球包馅后再炸，但膨胀度没有空心的好。

椰香黄金糕

黄金糕是广东早茶的传统糕点，颜色金黄，带有黄金条纹，口感香糯柔润。记得以前去饭店吃饭，饭后甜点一定少不了这黄金糕。

制作黄金糕的材料一般超市就能买到，做法也不复杂，主要是要控制好鸡蛋的打发与面糊的发酵、搅打，这样成品才会有口感软韧的黄金条纹。黄金糕也有很多不同的做法，发酵好后有用水蒸的，也有用烤箱烘烤的，我这次是隔水蒸的，口感非常软韧，也可以用烤箱烘烤，最后一步的水蒸改为烤箱烘烤就可以了，成品色泽会更金黄。

材料

椰浆180克，木薯淀粉150克，白砂糖80克，黄油10克，鸡蛋3个（蛋液约120克）

做法

❶ 椰浆加热，微开后关火，加入黄油融化。

❷ 凉至30℃加入酵母搅匀，再加入木薯淀粉搅匀成木薯糊。

❸ 鸡蛋加糖隔热水（50℃左右）用电动打蛋机打至膨胀且鸡蛋糊挂落时有明显纹路。

❹ 将木薯糊、鸡蛋糊混合搅匀。混合面糊放在温暖处（28℃左右）进行第一次醒发（约90分钟），期间用电动打蛋机搅拌3次，每次半分钟左右。

❺ 准备好容器，内壁抹点黄油以便脱模，面糊倒入模具，放温暖处进行第二次发酵，直至体积膨胀变大（约40分钟）。

❻ 锅中放水烧开，放入模具，隔水蒸20分钟左右关火，稍凉后脱模切片。

| 1 | 2 | 3 |
| 4 | 5 | 6 |

Note 🔖

　　1. 木薯粉的牌子很多，最好买颜色白一点的那种；鸡蛋最好用本鸡蛋，这样成品颜色会更漂亮。

　　2. 鸡蛋打发是制作黄金糕的关键，蛋要隔热水打发至完全膨胀，鸡蛋糊挂落的纹路不会马上消失，与打发海绵蛋糕同理。

　　3. 要放温暖处发酵，整个发酵过程要保持一定的温度和湿度，否则发酵不起来成品就膨胀不好，影响口感。

榨菜鲜肉月饼

榨菜鲜肉月饼，是我们杭州的特色传统点心，也是中秋最受欢迎的月饼之一。每逢中秋，做榨菜月饼的店门口总会排起购买现烤月饼的长龙。榨菜月饼外皮酥脆内馅咸鲜，对我来说充满了浓浓的中秋味道。

1 | 2 | 3 | 4

材料

内馅材料：新鲜肉末200克，葱姜水50克，盐、味精适量，生抽少许，蛋清半个，一点点淀粉，榨菜末150克，色拉油少许

油皮材料：中筋面粉（普通面粉）110克，猪油40克，细砂糖10克，温水40克

油酥材料：低筋面粉85克，猪油40克

分量：12个

做法

❶ 先做内馅：200克新鲜肉末加50克左右的葱姜水搅拌上劲，再加适量盐、味精和少许生抽、半个蛋清、一点点淀粉搅匀，最后加进150克榨菜末以及少许色拉油拌匀，盖上保鲜膜放冰箱冷藏两小时待用。

❷ 油皮做法参看蛋黄酥（见P105），不同的是这次外皮是25克（油皮15克、油酥10克），其他做法相同。取一做好的面卷，大拇指中间按下，两头合并再压扁擀圆，包入内馅，利用虎口收口、捏紧，揪去多出的面头。

❸ 收口朝下，将饼坯稍稍压扁放入烤盘。

❹ 烤箱预热180℃，放入饼坯先烤10分钟，取出翻面（底面朝上）再烤10分钟，再取出翻回正面，再烤20分钟左右至表面上色即可。

1. 调好的榨菜肉馅要放冰箱冷藏后再使用，这样内馅会稍有点硬度，比较容易包裹。

2. 榨菜月饼要比蛋黄酥难包，因为肉馅是软的。可以将外皮擀稍大点，收紧口子后揪去多出的面头，这样口子能收得更紧实，烘烤时就不会爆裂了。

酸梅汤

说到酸梅汤这名字，让人一下回到从前。记得小时候的夏日，几分钱一根的赤豆棒冰，一毛钱一块的奶油冰砖，沉在井里的凉爽西瓜，还有自己用酸梅粉做的酸梅汤，都是夏日最爱，现在想起来滋味依然十足。酸梅汤也是现在夏日解暑好饮，炎炎夏日喝上一杯冰镇酸梅汤，冰爽怡神，夏日也变得清凉美好了。

1 2 3
4 5 6

材料
乌梅干50克，山楂干30克，甘草10克，冰糖50克，干桂花少许

做法
❶ 准备材料：乌梅、山楂、甘草一般的中药房都有卖，糖最好用冰糖。

❷ 材料清洗干净，锅中加水（约1800克），放入材料先浸泡30分钟，再开火煮30分钟，最后5分钟加入冰糖。

❸ 放凉后过滤出第一次汤水。

❹ 材料留锅中，再加入半锅的水，开火煮10分钟后关火。

❺ 过滤出水，与第一次的水混合。

❻ 凉后装瓶放冰箱冷藏。

Note

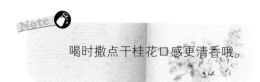

喝时撒点干桂花口感更清香哦。

果子露

　　老底子的果子露总是那么令人怀念。记得以前街上都有冷饮店，远远就能闻到果子露特有的清香味。最爱喝冰冰的果子露了，以前爸妈单位的食堂夏天也有果子露卖，爸妈常会拿上家里的小热水瓶去灌上一壶拿回家喝，冰爽的味道真让人难以忘怀。

　　现在的冷饮店没有果子露，单位食堂也不做果子露，想喝那就自己做吧。夏日上市的红心桃形李很合适做果子露，去皮加糖煮水，冰镇后就是凉爽的果子露了。煮过的李子加点糖放冰箱冷藏一下，酸酸甜甜，也非常好吃。

材料

李子500克，水800克，冰糖50克

做法

❶ 选紫红熟透的李子。

❷ 在李子底部用小刀切十字口，用滚水烫下剥去外皮。

❸ 锅中放水烧开，放入已去皮的李子，加入冰糖，煮10分钟关火，过滤出的水放冰箱冷藏。

❹ 煮过的李子加点糖放冰箱冷藏下，就是一盘冰镇李子了，清甜又好吃。

 Note

果子露喝时可加片柠檬，味道会更清香哦。

1
2
3
4

Part 3

手作休闲西点

给心情放个假

一个人的烘焙时光

烘焙总是让人联想到幸福和甜蜜。冬日里，一个人守在烤箱边，暖暖的，看着烤箱中的食物慢慢变色，房间里弥漫着烘烤特有的香味，那幸福快乐的滋味别人是享受不到的……

玛格丽特饼干

玛格丽特饼干源于一个爱情传说，一位意大利糕点师在做饼干时，思念着他的恋人玛格丽特，就情不自禁地在他自己做的饼干上逐个按上了手印，后来就将玛格丽特作为这饼干的名字。

玛格丽特饼干的材料和做法都比较简单，是烘焙初学者的首选手作。它入口即化，口感香酥细腻，真是别样好味道。

材料

低筋面粉100克，玉米淀粉100克，黄油100克，熟蛋黄2个（约45克），糖粉60克，盐1.5克

分量：30个左右

做法

❶ 两个鸡蛋用水煮熟，完全放凉后取其蛋黄，放网筛中，用勺子按压过筛成蛋黄细末。

❷ 黄油切小块软化，分两次加入糖粉搅打至体积膨大，加进盐和蛋黄泥搅匀。

❸ 低筋面粉、玉米淀粉过筛，分3次加入到上面的黄油蛋黄泥中，用橡皮刮刀翻拌均匀，用手揉压成团，之后放冰箱冷藏松弛半小时。

❹ 取出面团，分成12克左右的小份揉圆，放在烤盘上，用大拇指将面团按扁，四周会自然绽开裂缝，烤箱170℃预热，烘烤15分钟左右。

1
2
3
4

1. 鸡蛋要煮得熟一点，蛋黄要完全凉透，这样容易过筛。

2. 分成小团后，也可再放冰箱冷藏10分钟左右，这样按压后的裂纹会更漂亮。

3. 面团做好后可以分成两份，另一份可加入蔓越莓碎或开心果碎，也可加进自己喜欢的其他果仁碎增色增味。

奶油焦糖酱

用淡奶油做的焦糖酱有着浓浓的奶香以及焦糖独特的甜香，特别香甜。奶油焦糖酱有很多种吃法，饼干蛋糕中加点口感会特别甜美，也可以直接用来抹面包，泡咖啡时加一勺会让咖啡更醇香。

焦糖奶油酱也是剩余淡奶油的一个好去处，大盒淡奶油常常一次都用不完，开封的淡奶油保存期也短，把它做成奶油焦糖酱相对延长了它的保存期，是解决剩余淡奶油的最好办法。

材料

淡奶油250克，砂糖250克，水50克

做法

❶ 淡奶油隔水蒸热保温。

❷ 另取一小锅放入砂糖和水，中小火加热，糖会慢慢溶解冒泡，继续加热，等泡泡变成焦糖色关火。

❸ 马上加入热烫的淡奶油搅拌至顺滑。

❹ 出锅装瓶。

1. 煮糖浆要用中小火，煮的时候不要多搅动，只要稍稍拨动让泡泡颜色均匀就可以，多搅动糖会起沙，糖浆就不顺滑了。

2. 加进去的奶油一定要热烫，否则糖浆会飞溅也不利于奶油与糖浆融合。热奶油加进去后糖浆也会沸腾，注意不要烫着了。

3. 如果加进去的淡奶油温度不够高，奶油与糖酱融合得不够顺滑，可以再开火加热，搅拌至顺滑。

焦糖杏仁饼干

这款焦糖杏仁饼干是我最爱的饼干之一，焦糖的甜香、黄油的奶香加杏仁的酥脆，还有淡淡的咸味，味道香而不腻，香甜中透着一丝咸鲜，绝对是恰到好处的美味。

1 2 3
4 5 6

材料

低筋面粉180克，杏仁粉40克，黄油140克，奶油焦糖酱80克，细砂糖60克，盐3.5克，杏仁片60克

分量：40片

做法

❶ 杏仁片烤香（烤箱160℃烘烤5分钟左右），烘烤杏仁片时要留心观察，几分钟就上色烤好了。

❷ 焦糖酱加热融化，黄油软化加糖、盐打发至蓬松，分两次加入温热的奶油焦糖酱搅匀。

❸ 低筋面粉过筛两次，与杏仁粉混合，加入到搅好的黄油糖酱中，用刮刀翻拌均匀，最后加入烤好的杏仁片拌匀放置半小时。

❹ 将面团均分成两份放保鲜膜上，分别整成圆形和方形（方形的可用事先做好的纸板模辅助成型），放冰箱冷冻1小时左右。

❺ 取出面团切成约0.8厘米厚的薄片。

❻ 烤箱165℃预热，烘烤25分钟左右至上色即可。

1. 黄油稍稍打发即可，加进的焦糖酱一定要温热，这样比较容易与黄油融合。

2. 面粉加入后要轻轻翻拌，拌至无粉末即可，过多搅拌会影响成品的酥脆。

3. 定型时也不要多压，压得太实成品口感会不够酥脆。

4. 平时可以多做些面团，整形好后放冰箱冷冻可以存放多日，想吃的时候拿出来回温切片烘烤，现烤的饼干会特别酥脆哦。

巧克力水果华夫饼

喜欢华夫饼迷人的格子，喜欢它外脆内软的口感，每次去甜品店总会点份巧克力水果华夫。

华夫饼起源于比利时，也叫比利时松饼、格子饼，需要专用方格模。华夫饼有很多不同做法，可全蛋打发，也可分蛋打发；可加泡打粉，也可用酵母发酵，做法不一样，口感也不同。烘烤的方式也有两种，一种是用方格模具烘烤，另一种就是电烙夹模。有次去比利时，看到街上有很多做华夫饼的店，大多用的是电夹模，做出来的松饼比较厚，口感也是外脆内软的。

我这次是用全蛋打发做的原味华夫饼。刚烤好的华夫，外皮香脆，里面却是松软的，加上水果，淋上巧克力，撒上糖粉，造型精致，是一款非常甜美的下午茶点心哦。

1	2	3	4
5	6	7	8

材料

鸡蛋2个，细砂糖30克，盐1.5克，牛奶80克，低筋面粉120克，玉米淀粉20克，泡打粉3.5克，黄油40克

做法

❶ 准备好材料。

❷ 鸡蛋加糖打发至乳白色，加入室温牛奶搅匀；粉类混合，加盐，过筛，加入到蛋液中搅至顺滑。

❸ 加入融化了的黄油搅至黏稠，放置20分钟使材料充分融合。

❹ 将面糊倒入华夫模具中。

❺ 170℃烘烤18分钟左右取出脱模。

❻ 也可以减半用一个蛋的量，每个模放一勺面糊，不用铺满。

❼ 烘烤时面糊自然膨胀开来，不规则边缘的成品也非常漂亮。

❽ 刮上一个冰淇淋，淋上巧克力，就是美味冰淇淋华夫饼了。

1. 全程用电动打蛋机操作，加入粉类后，搅打至均匀无粉末即可，不要多搅，否则会影响成品的松软度。

2. 可简单淋点糖浆、果酱，也可搭配巧克力、水果、干果等，最后撒点糖粉，更添诱惑。

舒芙蕾蛋糕

　　舒芙蕾"Soufflé"也有译为梳乎厘，原意就是充气膨胀的意思，拥有云朵般的轻盈飘逸，也被称为"转瞬即逝"的美味。舒芙蕾的材料非常简单，鸡蛋、黄油和糖，做法也不复杂，却别样美味，轻盈、柔嫩、入口即化。但美味是瞬间的，蛋糕一出炉遇冷空气就会马上萎缩塌陷，听说法国有甜品店的服务生是穿滑轮鞋送餐的，为的就是争分夺秒把美味递送给客人。

1 2 3
4 5 6

鸡蛋2个，黄油20克，低筋面粉10克，牛奶60克，细砂糖25克，朗姆酒5克，抹杯黄油和细砂糖少许

做法

❶ 烤杯内壁上部薄薄抹上一层软化的黄油，再抹上少许细砂糖（包括内侧上沿）以便蛋糕膨胀爬升。

❷ 黄油切小块与牛奶放小锅中小火煮至微沸关火，马上倒入过筛的低筋面粉，用木勺搅拌均匀，再开小火煮1分钟搅至顺滑。

❸ 稍凉后分两次加入蛋黄，用手动打蛋器搅拌均匀，最后加入朗姆酒搅匀。

❹ 蛋白分3次加入细砂糖搅打至中性偏干。

❺ 用刮刀先取1/3蛋白至蛋黄糊中翻拌均匀，再倒入余下的蛋白糊一起翻拌均匀。

❻ 倒入烤杯至八分满，放入预热的烤箱先190℃烤10分钟，再调低至170℃烘烤8分钟左右。

1. 烤杯涂抹黄油和细砂糖是为了让蛋糕顺壁膨胀爬升，撒壁要用细砂糖，但不要抹多，否则影响口感。

2. 牛奶黄油刚煮开就可以关火加粉了，不要多煮，否则会油水分离，不易与低筋面粉融合。

3. 烘烤途中不能开烤箱门，否则冷空气进入蛋糕会马上塌陷。

橙香磅蛋糕

　　磅蛋糕一直流行于欧洲国家，起源于英国，最早的配方是一磅面粉、一磅糖、一磅鸡蛋、一磅黄油，用的是四样等量的材料，因此被称为磅蛋糕。后传到法国，也叫做四分之一蛋糕。

　　现在磅蛋糕的配方根据大众口味一般都有做些调整，糖量稍减了些，也会再加点泡打粉等使蛋糕更加松软，最后加点糖汁、橙皮增香。

　　因为磅蛋糕油和糖量都比较高，我加了些现做的糖渍橙皮丁，解腻增香，也加了点奶酪，成品口感特别的香软好吃。做法非常简单，全程用手动打蛋器就可以搞定，烤好的蛋糕可以马上吃，外皮有点脆脆的，里面却是松软的，满口都是黄油、奶酪、橙皮的香味。

材料

黄油120克，蛋液120克，低筋面粉120克，细砂糖90克，泡打粉3克，kiri奶酪80克，鲜榨橙汁30克，糖渍橙皮丁80克，盐1.5克，高筋面粉少许，酒糖液（糖10克、水10克混合溶化，凉后加5克朗姆酒）少许

做法

❶ 黄油和奶酪室温软化，加细砂糖打发至乳白色，分次加入室温的蛋液搅匀，再加入橙汁搅匀，筛入低筋面粉、泡打粉和盐翻拌均匀，最后加入橙皮丁。

❷ 模具内壁喷油或抹油，再撒点高筋面粉并倒去散粉，备用。

❸ 将拌好的面糊倒入模具至七分满。

❹ 烤箱预热175℃，进烤箱烘烤35分钟左右，中途20分钟蛋糕左右表面结皮时开烤箱用小刀在蛋糕上竖割一刀，帮助均匀开裂。

❺ 出炉后马上脱模，刷酒糖液，撒上糖渍橙皮丁做装饰。

1
2
3
4
5

1. 制作磅蛋糕最好用不粘模，用之前也要抹油、撒粉以方便胶模。

2. 烤好的磅蛋糕可以马上吃，也可以装进密封盒放冰箱冷藏一天，让材料相互吸收融合，冷藏后的蛋糕口感更具风味。

3. 还可以加些葡萄干、核桃等干果，味道更香甜。

玛德琳

特别享受玛德琳的烘烤过程，喜欢看着它们的小肚子一点点挺起来，让人兴奋不已。玛德琳是经典法式小点，很多电影中会出现它的身影。尽管很经典，但玛德琳的材料和做法却不复杂，非常容易上手。现烤好的玛德琳，外形诱人，漂亮的贝壳纹，背面挺着高高的小肚子，口感也非常棒，蛋糕的边缘是脆脆的，里面却湿润软绵，带着黄油的纯香和柠檬的清香，特别美妙。

材料

鸡蛋1个（约55克），低筋面粉55克，黄油50克，细砂糖50克，泡打粉1.5克，半个柠檬皮屑，盐1克

分量：9个

做法

❶ 半个柠檬皮搓成屑，加糖拌匀放置15分钟，让柠檬溢出香味。

❷ 柠檬糖加蛋搅至融合（无需打发），筛入低筋面粉、泡打粉和盐搅匀，再加入融化的黄油拌匀，盖上保鲜膜放冰箱冷藏30分钟。

❸ 模具事先薄薄抹上一层黄油，放冰箱冷藏30分钟，将面糊装入带圆嘴裱花袋，挤入模具至九分满。

❹ 烤箱185℃预热，烘烤12分钟左右。

1
2
3
4

1. 柠檬皮要搓成细屑，这样与糖混合静置后才能溢出香味。

2. 蛋要放至室温，黄油要完全融化，否则面糊会偏干；面糊冷藏后烘烤出的成品才更容易膨胀出小肚子。

3. 可根据自己的喜好在拌好的面糊中加点蔓越莓干或糖渍橙皮丁等，增色增味。

4. 硅胶模脱起来比较方便，但上色没有金属模的漂亮，可根据自己的喜好选择。

橙香杯子蛋糕

这蛋糕加进了鲜榨橙汁和橙皮丁，橙味、黄油和酒味完美结合，表皮酥脆里面却湿润软绵，浓浓的橙香味，加上打发奶油，层层美味，特别适合做下午茶点。

材料
蛋2个（约110克），黄油120克，细砂糖80克，鲜榨橙汁40克，低筋面粉120克，泡打粉2克，盐1.5克，朗姆酒10克，橙皮屑15克

装饰
打发淡奶油、装饰糖果适量

分量：12个

做法

❶ 橙子用细盐檫洗干净，果肉榨汁，橙皮去掉白色内衣后剁成细丁。

❷ 黄油软化，分两次加糖打发至羽毛状，分两次加入蛋液打匀，再加橙汁搅匀，筛入低筋面粉、泡打粉和盐。

❸ 再加朗姆酒、橙皮屑搅匀成蛋糕糊。

❹ 将面糊装入圆口嘴裱花袋，挤入纸杯至八分满。

❺ 放入180℃预热的烤箱烘烤20分钟左右。

❻ 用打发淡奶油装饰，撒上彩色糖果或干果等。

1
2
3
4
5
6

不想用打发奶油的话，也可以简单撒点糖粉，看着也挺诱人。

戚风蛋糕

戚风原意指的是一种轻薄柔软的面料，顾名思义，戚风蛋糕有着绢丝般的柔软细润。戚风也是烘焙的基础蛋糕，很多奶油蛋糕中的蛋糕坯都是戚风，是玩烘焙的人首先必须搞定的一款蛋糕，学会做戚风后再深入学做其他西点就会比较容易。戚风用料很简单，蛋、油、糖和面粉，但要做出成功的戚风并不容易，一定要了解掌握每一步的制作要点，才能烤出蓬松、细腻、柔软且富有弹性的蛋糕。

材料

蛋黄糊：蛋黄5个（约85克），细砂糖20克，牛奶65克，色拉油60克，低筋面粉95克，盐1.5克，朗姆酒10克

蛋白糊：蛋白5～6个（约210克），细砂糖70克，柠檬汁（或白醋）10克

规格：8寸圆模

```
1 2 3
4 5 6
  7
```

做法

❶ 蛋黄、蛋白分装两盆，蛋黄加细砂糖和色拉油搅至乳化，再加室温牛奶搅匀，加入过筛低筋面粉和盐搅匀，最后加入朗姆酒搅匀成蛋黄糊。

❷ 蛋白加柠檬汁先慢速打至粗泡，分3次加入细砂糖高速打至膨胀，再调中低速搅打至中性偏干，此时蛋白细腻光亮有弹性，提起的蛋白液呈倒三角。

❸ 先取三分之一打好的蛋白糊至蛋黄糊中，用橡皮刮刀翻拌均匀，再取三分之一蛋白糊至蛋黄糊中翻拌均匀，再将拌和的蛋黄糊加到余下的蛋白糊盆中翻拌均匀。

❹ 将面糊倒入模具抹平，提起模具摔两下，震出大气泡。

❺ 放入155℃预热烤箱烘烤60分钟左右。

❻ 出炉后稍稍震一下排出热气，然后马上倒扣在散热架上。

❼ 凉后脱模。

　　1. 蛋白盆要干净、干燥，蛋白中不能有一点蛋黄，否则就不好打发。

　　2. 混合的蛋白糊和蛋黄糊要用橡皮刮刀切拌，动作要轻快以免蛋白消泡。

　　3. 戚风烘烤过程中不要随意开烤门，避免影响膨胀，烘烤后期表面上色后如需要加盖锡纸，应快速开门放入。

　　4. 烤戚风蛋糕不要用不粘模，模内壁也不能抹油，因为蛋糕受热膨胀需要沿模壁爬升。

奶油水果戚风蛋糕

裱花奶油蛋糕是戚风蛋糕与奶油、水果的完美结合，外形漂亮，口感甜美，是生日蛋糕的最佳选择之一。

1 2 3
4 5 6

材料

8寸原味戚风蛋糕1个，淡奶油600克，细砂糖80克，朗姆酒10克，奶香百利甜酒10克，夹层和装饰水果适量

做法

❶ 8寸戚风蛋糕一只（做法见P146）。

❷ 将戚风蛋糕平均分切三片。

❸ 打发奶油：淡奶油先加朗姆酒、百利甜酒用电动打蛋器高速搅打半分钟，再加细砂糖中速打至膨胀，最后调低速打至细腻光滑。

❹ 蛋糕转台上放上蛋糕底片，均匀抹一层打发奶油，撒上草莓丁。

❺ 盖上第二片蛋糕，再重复前面步骤直至盖完第三片蛋糕。

❻ 将蛋糕顶部和侧面涂加奶油，抹平后裱花，再用水果做装饰。

1. 做好的戚风蛋糕要倒扣放凉后再脱模、分片。

2. 淡奶油最后要低速搅打，奶油才会细腻光亮；打好的奶油要马上用，否则容易在空气中氧化软塌。

香橙戚风卷

学会了戚风，就可以变着花样做蛋糕了，蛋糕卷是我平时做得最多的一种，因为方便、快捷、多变，可以在原味戚风卷基础上变出很多口味。一般会在戚风卷里面抹上自己做的果酱，也可以抹上打发奶油，还可以夹上肉松做成咸味的，外形可以做成双色或花纹的，配上牛奶或果汁就是一款非常营养、美味的早点了。

材料

蛋黄糊：蛋黄4个，色拉油45克，煮橙片糖水50克，低筋面粉80克，盐1.5克，朗姆酒8克

蛋白霜：蛋白4个，白糖60克，白醋10克

其他：香橙1个，涂抹果酱少许

规格：28厘米x28厘米烤盘

1 2 3
4 5 6

❶ 橙子切薄片放小锅加水约150克，加糖20克，中小火煮3分钟，凉后沥干水分待用。

❷ 蛋黄加色拉油，用手动打蛋器搅至乳化再加入步骤1的糖水拌匀，筛入低筋面粉和盐搅匀，最后加入朗姆酒搅匀；蛋白加白醋用电动打蛋机打成粗泡，再分3次加入白糖打成中性偏干；蛋白分两次加到蛋黄糊中，用刮刀翻拌均匀。

❸ 烤盘垫上油纸，再放上一层耐高温油布，摆上煮好的橙片。

❹ 将拌好的面糊倒入烤盘抹平，放入预热160℃的烤箱，烘烤20分钟左右。

❺ 稍凉后揭掉底层油纸和油布，重新盖上1张干净油纸，翻面，抹上果酱。

❻ 用擀面杖辅助卷起蛋糕，固定半小时后切片。

1. 做蛋糕卷要用底部全平的烤盘，烤盘上要先垫一层油纸，再垫一层油布，因为油布比较厚实烘烤时不会起皱，烤好的蛋糕底面才会非常平整、漂亮。

2. 做蛋糕卷的蛋白不需要打发得很硬挺，中性偏干一点就可以了，成品口感更好。

3. 卷蛋糕要准备一根粗细均匀的长擀面杖，擀面杖放在油纸下面，卷住油纸提起擀面杖推着蛋糕往前卷，一圈后压住定型。

4. 金橘季节，橙片也可以用金橘片替代，同样香甜美味。

黑森林蛋糕

　　黑森林是德国南部的一个著名旅游胜地，盛产黑樱桃和樱桃酒，黑森林蛋糕就是用黑森林产的樱桃和樱桃酒做成的，也是德国最负盛名的蛋糕。现在的黑森林蛋糕一般是由樱桃、樱桃酒、奶油和巧克力组成，有樱桃的酸、朗姆酒的香、奶油的甜、巧克力的苦，层层叠叠的美味，令人向往，让人回味。

材料

蛋黄糊：蛋黄5个（约85克），细砂糖20克，牛奶65克，色拉油60克，可可粉20克，低筋面粉95克，盐1.5克，樱桃酒10克

蛋白糊：蛋白5~6个（约210克），细砂糖75克，白醋10克

奶油夹馅：淡奶油600克，细砂糖90克，樱桃酒15克，酒渍樱桃和樱桃酒适量

表层装饰：黑巧克力200克

规格：8寸圆模

1 2 3
4 5 6

做法

❶ 先做酒渍樱桃和樱桃酒：250克樱桃洗净，去蒂、去核，切小块，锅中加100克水和40克糖烧开，倒入樱桃煮1分钟倒出，凉后加入50克朗姆酒放冰箱冷藏一晚。

❷ 可可戚风分切三片（可可戚风做法同原味戚风，但可可粉常温不易溶解，先要将材料中的色拉油微波加热两分钟，再加入可可粉搅匀放置5分钟使之融合散出香味再制作蛋黄糊）。

❸ 组装：淡奶油加糖、加樱桃酒打发至有明显纹路；放一底片蛋糕，刷上樱桃酒。

❹ 在刷好樱桃酒的蛋糕片上抹上奶油，加酒渍樱桃，再盖上第二片蛋糕，重复前面步骤直至盖上第三片蛋糕。

❺ 外部抹上打发奶油，面上用花嘴挤上8朵奶油花，放上8个新鲜樱桃。

❻ 巧克力卷做法：黑巧克力切碎放盆中隔热（60℃左右）融化，待再凝固时用大号花嘴或勺子刮出卷片，在蛋糕表层撒上巧克力卷片即可。

1. 可可粉的操作是做这个蛋糕的关键，可可粉只有与热油融合才会散发出香味，这样可可的味道才够浓郁，如果用冷的油，可可的香味就无法散发出来。

2. 巧克力要融化待再次凝固后才容易削刨，刮出的花卷也会更漂亮。

3. 巧克力也可换成白巧克力，可可戚风换成原味戚风，组合起来就是白森林蛋糕了，用樱桃点缀特别漂亮。

慢悠悠的下午茶

阳光午后，喝茶看书听
歌，还有一份自己现做的甜
点。美好的人生，就是慢悠悠
地享受甜蜜的下午茶时光。

杨枝甘露

杨枝甘露有浓浓的芒果香，是我去甜品店必点的甜品。不过店里吃的只有小小一碗，一下子就吃完了，自己在家里做，可以放多多的芒果，这次还用了大西米，晶莹剔透又个大弹牙，吃着真是过瘾。

1 | 2 | 3
4 | 5 | 6

材料

芒果2个，大西米200克，红心柚、淡奶油、椰浆各适量

做法

❶ 准备材料。

❷ 锅中多放些水煮开，倒进大西米，先煮20分钟，关火再焖10分钟。

❸ 再开火煮20分钟，关火焖10分钟，大西米就变成全透明的了，期间要搅动几次以防粘底。

❹ 放入网筛中，用自来水冲洗黏液直至光滑透明，最后用冰水浸泡10分钟。

❺ 芒果一半切成小方丁，一半放搅拌机加点椰浆搅成泥。

❻ 芒果泥与西米拌和，表层放上芒果丁和红心柚，淋点淡奶油即成美味的杨枝甘露了。

1. 西米不用先浸泡，水开后直接加入干的煮就可以了，水一定要多。

2. 做西米露要准备一个网筛，煮好的西米经冲淋去掉黏液才会晶莹透亮。

3. 小西米的煮法更简单：同样也是烧开一大锅水，加入一小碗西米，煮15分钟，关火焖15分钟就全透明了。

酸奶芒果布丁

芒果布丁细滑甜美，加入酸奶与芒果完美融合，味道更加清爽诱人。夏日吃杯凉凉的布丁，真是凉爽惬意。

1 2
3 4

材料

芒果肉250克，牛奶200克，砂糖50克，酸奶150克，鱼胶粉12克，水30克，新鲜柠檬汁10克，朗姆酒7克，芒果丁约100克

装饰：小樱桃、芒果丁、薄荷各适量

做法

❶ 鱼胶粉加水30克隔温热水溶化成鱼胶水待用。将芒果肉、牛奶和糖放搅拌机搅成果泥。

❷ 将果泥倒入锅中，加入柠檬汁中火煮两分钟关火，加入鱼胶水（事先冰水浸泡软化）搅匀。

❸ 凉后加入酸奶和朗姆酒搅匀。

❹ 准备好布丁杯，倒入芒果糊，撒入芒果丁，放冰箱冷藏3小时，取出用小樱桃、芒果丁、薄荷装饰即可。

Note

如果成品需要倒扣出来，可以在布丁杯内壁抹上黄油，冷藏好的布丁用热毛巾捂一下就可以倒扣出来了。

芒果班戟

最早吃到芒果班戟，是在香港许留山甜品店，黄灿灿的颜色特别诱人，外皮绵软香糯，里面的芒果新鲜香甜，中间夹杂着浓香奶油，咬一口美味萦绕舌尖。

材料

饼皮材料：低筋面粉80克，砂糖30克，牛奶180克，
淡奶油60克，土鸡蛋2个，黄油15克
夹馅：打发淡奶油、芒果肉块适量

做法

❶ 鸡蛋加糖搅至融合，分次加入室温牛奶和淡奶油搅匀；再分次加入已过筛的低筋面粉，搅拌均匀；最后加入融化的黄油搅匀。将面糊过筛，冷藏静置30分钟。

❷ 将不粘平底锅（无需加油）小火加热，放两勺面糊，快速转动锅子让面糊均匀摊平，煎至表面凝固，不用翻面，直接铲出，放凉。

❸ 将放凉的饼皮煎面朝上放置，放上一勺打发的淡奶油，中间放一块芒果。

❹ 芒果上面再盖一勺奶油，最后包成四方即可。

1
2
3
4

1. 用土鸡蛋做出来的饼皮的颜色更黄，韧性也好些，包裹时不易开裂。

2. 饼皮煎至表面凝固即可，不要多煎，否则口感太硬，包裹时也容易开裂。

3. 可以多做点饼皮，再抹点果酱，就是一款营养、甜美的早点了。

焦糖布丁

焦糖布丁是经典法式甜品，风靡世界，现在国内很多甜品店也有它的身影。经久不衰的美食一定有它的迷人之处，去巴黎时尝到了地道的法式焦糖布丁，嫩滑的口感、焦糖的甜香，还有那勾魂的香草味，那味道真的跟国内有些类似蛋羹的布丁不一样，是正宗的布丁味。

香草味是这焦糖布丁的灵魂，材料中的香草豆荚不能少，如用香草精替代，口感就会打折，如两者都不用那真的会变成甜蛋羹，所以看焦糖布丁做得是否正宗，就看里面是否有小黑点点，那是纯天然香草籽，香味特别纯正。

材料

焦糖材料：砂糖60克，冷水20克，热水20克

布丁材料：淡奶油150克，牛奶130克，全蛋1个，蛋黄2个，砂糖15克，香草豆荚半支

做法

❶ 先做焦糖液：小锅中放入60克砂糖和20克冷水，中小火煮至焦糖色后关火，马上加入20克热水搅拌均匀，倒入布丁碗。

❷ 香草荚剖开刮出籽，荚和籽一起放入锅中，再加入牛奶、淡奶油一起煮至微沸关火，凉后过滤出香草荚。

❸ 鸡蛋加糖搅匀，加入步骤2的奶液搅匀，过筛两次去除泡沫，静置15分钟。

❹ 将蛋奶液倒入布丁碗中，用牙签戳破面上的小气泡，最后盖上锡纸。

❺ 烤箱预热150℃，烤盘注入热水，放入布丁模，水浴烤40分钟左右。

1. 煮焦糖时尽量少搅动，轻轻晃动锅子让糖融化冒泡。

2. 蛋液过筛两次是布丁口感细滑的关键。

3. 布丁要低温水浴烘烤，这样成品才会嫩滑、细腻还带点韧性。

奇异果冰淇淋

一直挺喜欢吃奇异果的，尤其是金果，更是甜香美味。夏天把它做成冰淇淋，想吃就挖两球，美味又凉爽！

材料

黄金奇异果200克，牛奶180克，淡奶油180克，蛋黄2个，细砂糖50克，新鲜柠檬汁10克，凉开水少许

做法

❶ 奇异果去皮取肉。

❷ 果肉放搅拌机加少许凉开水搅成果泥，倒入锅中加入柠檬汁煮10分钟关火。

❸ 牛奶煮至微沸关火，蛋黄加一半糖打至膨胀发白，将煮沸的牛奶慢慢加入到蛋黄糊中搅匀，稍凉后与奇异果泥混合；淡奶油加另一半糖打发至湿性，与奇异果蛋黄糊混合搅匀成冰淇淋糊，放冰箱冷藏两小时左右。

❹ 取出放入冰淇淋机搅拌30分钟（冰桶需事先冷冻12小时以上）。

❺ 搅拌好的冰淇淋糊刮出至保鲜盒中，放冰箱冷冻两小时以上就可以刮球开吃了。

1. 可以在刮出的球上撒点果仁或干果碎等，也可淋上巧克力酱，增色增味。

2. 水果也可以换成香蕉、芒果等，做成不同口味的冰淇淋。

蒜香面包

蒜香面包做法简单，只要有吐司和蒜以及黄油就能搞定，但味道却酥香又美妙。烘烤时浓浓的香味满屋飘荡，现烤的面包片外皮酥酥的，里面却是软韧的，特别美味。

1 | 2 | 3

材料

吐司1个，蒜泥60克，黄油60克，糖粉10克，盐2克，干葱少许

做法

❶ 黄油软化，加入蒜泥、糖粉、盐拌匀。

❷ 吐司去边皮切成4条，周边抹上蒜泥黄油酱，最后撒上干葱末。

❸ 放入170℃预热的烤箱，烘烤20分钟左右，至外皮金黄即可，取出稍凉后切成小块。

1. 蒜要捣碎一点，这样与黄油拌和后容易涂抹。

2. 喜欢咸味的，可以不放糖，多放点盐，也非常好吃。

甜美石榴汁

石榴上市时节水果摊上就会有很多品种的石榴，有的红如玛瑙，有的透白如水晶，晶莹剔透。石榴的营养特别丰富，含有多种人体所需的维生素和矿物质，可生津止渴、健胃提神、降血压血脂，还可美肤美容，吃石榴的好处多多，趁时节多吃些。

石榴一般就直接剥着吃，粒粒汁水饱满，慢慢剥慢慢嚼，特别的酸甜有味，我也常榨石榴汁喝，两个石榴加水榨汁后满满两杯，酸酸甜甜，特别美味。

1 2
3 4

做法

❶ 用刀先割去石榴的顶部和下底。

❷ 再按自然分割的白衣线切割外皮。

❸ 稍稍掰一下，白衣就很方便地去掉了，余下的就是果粒了。

❹ 石榴两个剥成粒400克左右，加矿泉水400克，再加半个柠檬榨的汁倒进搅拌机一起搅打成汁，倒出过滤掉籽碎，再沉淀下就是一杯透红亮艳的石榴汁了。

浓香玉米汁

玉米含钙丰富，还含有胡萝卜素和天然维生素E，有降脂降压、延缓衰老等功效，经常吃点玉米对身体非常有益。一直不明白饭店的现榨玉米汁为什么要卖那么贵，一扎几十元。其实在家自己做玉米汁一点都不难，只要有一台搅拌机，菜市场花几元钱买两根玉米，就可以做出一扎又香又浓的玉米汁。

　　榨好的玉米汁可以直接喝，温热暖胃且清香可口，不喜欢粗纤维的，可以再过滤一下，那口感就变得细腻滑顺了，两种不同的口感，一样的好味道。

1 2 3 4

材料
甜玉米2根，炼乳（或蜂蜜）2勺

做法

❶ 要选用水分多的甜玉米（金黄色的），口感香甜汁水也多。

❷ 玉米洗净用清水煮熟（水可以多放些，等会还有用）。

❸ 稍凉后取出切成两段，竖立，用菜刀垂直切下玉米粒。

❹ 玉米粒放入搅拌机，加入煮过玉米的水（玉米与水的比例1:2左右），浓淡也可根据自己喜好调整，调完开机搅拌1分钟左右，打开加入适量炼乳，再搅拌半分钟即可。

　　1. 甜玉米一般常年有，冬天可以做成热饮，夏天可以放冰箱冷藏后喝。

　　2. 不喜欢甜的，可以不加炼乳，清香依旧。

黄瓜香梨苦瓜汁

蔬菜和水果都含有丰富的维生素和人体所需的矿物质，蔬菜在烹饪过程中会流失很多营养，因而很多蔬菜生吃营养反而更丰富，如苦瓜、黄瓜、西芹等。有的蔬菜单独生吃口感不好，但与水果一起榨成汁，那就变得非常的清香可口，还有排毒养颜、减脂瘦身的功效。

特别喜欢苦瓜特有的清香，配上黄瓜和香梨榨成汁，那就是一款营养又清口的饮料了，喜欢甜味的，也可以加点蜂蜜一起搅。

1 2 3

做法

❶ 准备材料，洗净。

❷ 黄瓜、苦瓜和梨分别切小块（都不需要去皮）。

❸ 放搅拌机加一杯凉开水搅拌半分钟，倒出过滤掉泡沫。

1. 还有西红柿、胡萝卜、甜椒、莴苣等蔬菜生吃都非常有营养，还可以随意搭配水果一起榨汁，清口又好喝。

2. 西芹上市季节比较长，苹果也是常年有，这两样搭在一起可以经常做，口感非常不错。